cài

新手

阳台种菜

艺美生活　编著

新鲜、有机，快到碗里来

中国轻工业出版社

目录
CONTENTS

· CHAPTER · 1
阳台种菜的基础知识

· CHAPTER · 2
春生万物　阳台绿意盎然

· CHAPTER · 3

炎炎夏日 阳台蔬果满满

· CHAPTER · ④

金秋　阳台菜园锦上添花

· CHAPTER · ⑤

冰封严寒　阳台依然蔬香满满

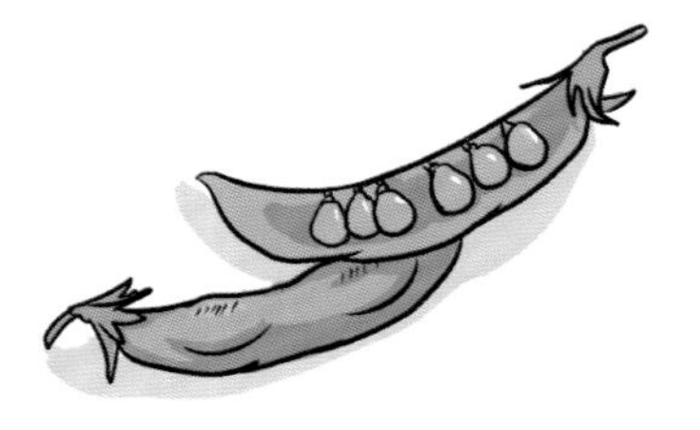

• CHAPTER •

阳台种菜的基础知识

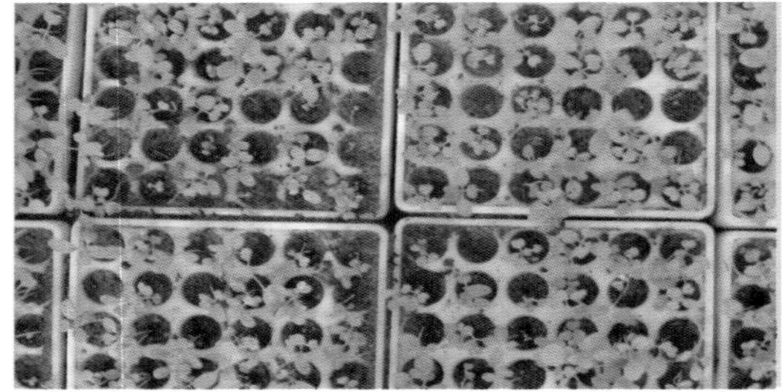

快乐种菜六要点

花盆要选对

在种植蔬菜期间，需要施肥、播种和移栽幼苗，还不时需要加入培养土、基肥等物质，土和肥料等都会占据空间，因此要选择有足够深度的花盆。

不同种类的蔬菜要求不同深度的花盆，所以，要分别选择合适的花盆。

从间苗开始采收

蔬菜生长期间需要进行间苗处理，因为蔬菜种苗之间间隙太小就会阻碍蔬菜生长，导致蔬菜长不大。有些蔬菜品种，间苗得到的小嫩叶也是可以食用的，如生菜、菠菜等。小菜苗风味独特，可以做成各种你想要的菜肴，这也是阳台种植蔬菜的乐趣所在。

时间要合适

不同蔬菜的发芽、生长时间各不相同。例如，对温度要求高的蔬菜就很难在冬天培育。初次尝试阳台种菜，最好选择一个适合蔬菜生长需要的时间，这样有利于蔬菜培育成功。至于叶菜类蔬菜，建议选择抗虫害能力强的品种。秋季培育的蔬菜不易抽薹，可以享受较长的收获期。总之，选择合适的蔬菜培育期很重要。

查看蔬菜生长状态

阳台种植蔬菜的优点在于随时可见，可随时打理。只需花费较少的时间，就能进行蔬菜种植养护，很大程度上方便了查看蔬菜生长状态。蔬菜在种植期间如果发生因缺肥缺水而影响长势等情况，可在日常检查时看到，并及时做好处理工作。

掌握种植节奏

阳台种植蔬菜受空间、日照、土壤、温度等影响，在种植期间就要按照阳台种植方式进行培育，不能采用庭院或田间种植的办法和标准。阳台蔬菜只要长到市场上正常蔬菜的一半大小左右就可以采摘食用。只要按照阳台蔬菜种植步骤进行培育，即便是首次尝试，也能顺利收获美味的蔬菜。

蔬菜种类要选好

阳台种菜的首要任务是要选择好自己想要种植蔬菜的种类、容器、土壤、肥料、工具等，做好充足的准备。

因为是在家中阳台上种菜，除了要选择好蔬菜的种类还要选择好种植量和在阳台的位置。对于初学者来说，从易成活、易生长的蔬菜入手，再选好种植时间和环境等即可。

选择生长时间短的蔬菜种类

可以选择小白菜、生菜等叶类蔬菜来进行第一次尝试。还可以在种植期内一边培育一边间拔食用，既方便又实用。

选择生命力顽强的种类

建议选择种植过程简单、不用长时间照料、偶尔补充水分便可以健康成长的草本植物，或者在日照条件不佳的情况下也能正常成长的紫苏、旱芹等植物。

迷你小蔬菜适合阳台种植

随着科技进步，科研人员开发了许多迷你蔬菜水果新品种，如迷你黄瓜、迷你西红柿、迷你白菜、迷你南瓜、迷你冬瓜等，适合阳台种植。

阳台种菜面面观

阳台种菜的优点

1. 阳台种菜一般不使用农药和化肥，都是用自己日常生活中可得材料沤制成有机肥料。所以，在阳台上种菜，我们可以吃到健康无污染的新鲜蔬菜。

2. 阳台种菜不仅能够给小家庭提供食用蔬菜，绿油油的小菜苗还具有非常高的观赏性。夏天室外温度比较高，蔬菜形成天然绿色屏障，室内温度可得到很大的改善，人的心情也会变得更舒畅。

3. 在阳台上种植爱吃的蔬菜，收获的不仅仅是食品，还收获了一份比较高的生活品质。生活在钢筋水泥的世界里，大自然成了我们最向往的地方，每天回到家，阳台上那满眼的绿色，不正是我们想要的大自然吗？

4. 上班族每天工作压力非常大，在阳台上种种菜，既可以缓解压力，又能够放松心情。最重要的是足不出户就可以与家人享受田园乐趣。

5. 有小孩的家庭也可以通过阳台种菜让孩子了解大自然，培养孩子的观察能力和动手能力。

阳台种菜好处多，不仅仅是对生活品质的一种追求，更是一种时尚有品位的生活方式。

阳台种菜的原则

1. 根据个人的爱好和需求确定种植蔬菜的种类。每个人的爱好和习惯不同，所选择的蔬菜种类会有所差别，比较容易种且又不用太费心的蔬菜有：樱桃萝卜、散叶生菜、茼蒿、小白菜、菠菜等；比较考验耐心的蔬菜有：黄瓜、茄子、洋葱等。

2. 根据阳台的具体情况选择种植蔬菜的品种。如果你家阳台是朝南的，可以选择任何一种适合阳台种植的蔬菜；如果朝东或者朝西，则只能选择半日照的蔬菜品种，如茼蒿、菠菜、香葱等。

阳台种菜的禁忌

1. 购买不明厂商的营养土。购买营养土时要特别注意厂商的信息， 防止不法厂商以次充好、以假乱真。

2. 严禁使用来历不明的容器种植蔬菜。有些废弃容器带有毒素，若蔬菜在有毒环境中生长，一定会影响人体健康。

3. 有些家庭为了充分利用空间，将花盆放在没有防护措施的护栏外，这种行为会危害楼下行人的安全。

种什么菜

朝向和日照时间

朝南阳台日照好，较通风，适合几乎所有的蔬菜，因此一般蔬菜均可在朝南阳台上种植，如黄瓜、苦瓜、西红柿、菜豆、菜椒、莴笋、韭菜等。

朝东、朝西阳台几乎只有半天日照，适宜种植半日照的蔬菜，如洋葱、油麦菜、小油菜等。也可以在阳台角落种植攀缘状耐高温的蔬菜，如苦瓜、木耳菜等。

朝北阳台几乎全天都没有日照，这时候应该选择耐阴、对日照要求不高的蔬菜来种植，如香葱、香菜、木耳菜等。

阳台大小

如果阳台面积比较大，就可以选择更多种类的蔬菜进行种植，像萝卜、莴笋、葱、姜、香菜。也可以跟木耳菜、苦瓜、黄瓜等蔓生或攀缘蔬菜搭配种植，既能收获不同的蔬菜，又有很特别的美感。

如果阳台面积较小，就要选择好种植的蔬菜品种，如葱、姜、香菜等节省空间的蔬菜。

生长周期的长短

生长周期短的蔬菜有：大白菜、菠菜、西红柿、茄子、辣椒、南瓜、丝瓜等。生长周期短的蔬菜可以四季种植，只要有合适的温度、日照等条件。

相比较而言，适合阳台种植且生长时间长的蔬菜种类有：黄瓜、芹菜等。生长周期比较长的蔬菜一般还要搭架、摘心等，因此种植非常需要耐心。如果空闲时间比较多，可以尝试一下。

前期准备

种苗或种子的选择

种植蔬菜有播种或移栽植物球根的方法，还可以移栽生长到一定程度的种苗。无论是哪一种方法，关键都是要用心！选择优质的种苗及种子并不是难事，只要掌握了基本要领，初学者也会有意外的收获。

在园艺店内，各种蔬菜的种子被装在种子袋中进行销售。种子袋上有很多重要信息，在购买时应认真阅读上面的说明。如果是网购，也应仔细阅读说明书，认真选购适合的种子。

种子袋的正面印制各种相关蔬菜成熟时的图片

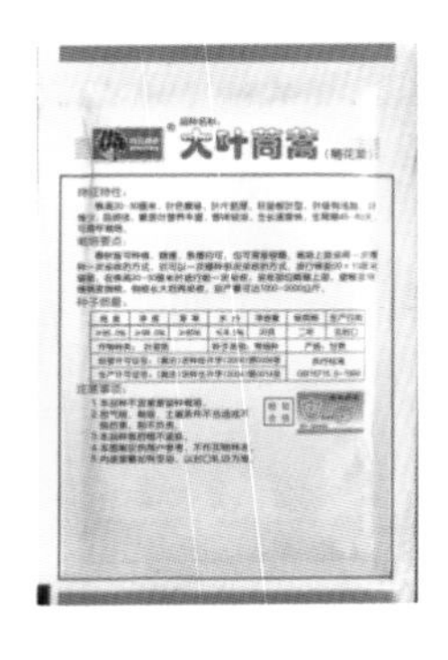

种子袋的背面会有蔬菜的特征、蔬菜的大小及注意事项等

查看种子的播撒方法及培育方法。尽量制造出相类似的培育环境，按照培育步骤进行种植。

查看不同环境下种子的播种时间及温度。一定要确认种子的培育环境及果实成熟时期等。

查看种子的基本信息。确定种子原产地、发芽率、数量及有效期等相关详细信息。种子存放时间越长就意味着种子袋上注明的发芽率会相应的越低。

选择的种苗应该是无虫眼、无枯萎现象且整体健康的

蔬菜苗的生长周期短，生长极快，在蔬菜苗生长期间需要精心照料。在选择蔬菜苗时，应挑选茎、叶、根都没有伤痕的健康种苗。并且，正规出售的种苗都贴有生产公司及品名的标签。

除此之外，应当选购抗病虫害能力较强的蔬菜种或苗，以便在移栽过程中提高存活率。

土壤的选择

蔬菜能否健康生长与土壤是否优良有着至关重要的联系。除此之外，不同种类的蔬菜可能喜欢不同种类的土壤，如有的适合“易排水”的土壤，有的适合“易存水”的土壤，需要选择相应的土壤进行种植。

植物是通过根系部分吸收营养及水分的。优良的土壤有利于植物根部充分发育。

土壤分为很多种类型，有赤玉土、鹿沼土、腐叶土等。单一成分的土壤无法满足蔬菜对营养、排水等多种需求，很容易导致植物营养不良、根部腐烂。所以，根据培育的蔬菜类型，混合使用多种不同特性的土壤是基础。

在使用花盆等容器种植蔬菜时，土壤的使用量有限，并且水分流失较快、土壤易干燥，因此需要使用存水性较好的土壤。但是与此同时，为了植物根系健康，又需要挑选排水性好、透气性好的土壤。总而言之，二者需要和谐统一。

按颗粒大小分为：黏土、壤土、沙土

在园艺店中购买的培养土，方便且好用，比自己动手混合各种土壤更加经济、快捷。市场上培养土种类繁多，只需根据容器的大小购买相应的用量即可。需要注意的是，必须在购买时确认培养土中是否含有肥料。如果没有添加肥料，那就需要适量添加底肥。

花和蔬菜用培养土是已经加入有机肥料、可直接用于花盆等容器培育植物的培养土。pH已调配到适合植物生长的范围。

花和蔬菜用培养土

插芽和播种用培养土是安全清洁的土壤，适用于插芽及播种，可放心使用。

插芽和播种用培养土

赤玉土

颗粒状的粗粒红土，颗粒大小有大、中、小之分。排水性、存水性较其他土壤优良。

赤玉土

鹿沼土

鹿沼土是浮石质的沙砾经过风化生成的酸性土壤，排水性好，存水性佳。

鹿沼土

腐叶土

腐叶土

腐叶土又称腐殖土，是乔木及灌木的叶腐化后生成的土壤。富含较高的有机质等营养成分，土质更加松软，可改善排水性和存水性。

蛭石土

蛭石土

蛭石土是将蛭石烧制、发泡后形成小的颗粒，质地轻，隔热性优良。颗粒个体间有较大的空间，混入土壤中，可改善排水性及存水性。适用于插芽、插枝及播种。

珍珠岩土

珍珠岩土

珍珠岩土是将珍珠岩加热后形成的白色颗粒状无菌土。因其颗粒中的小孔较多，具有优良的排水性及透气性，且比蛭石土的质地更轻。可有效防止土壤板结，形成适宜的粗间隙，改善土壤的存水性。

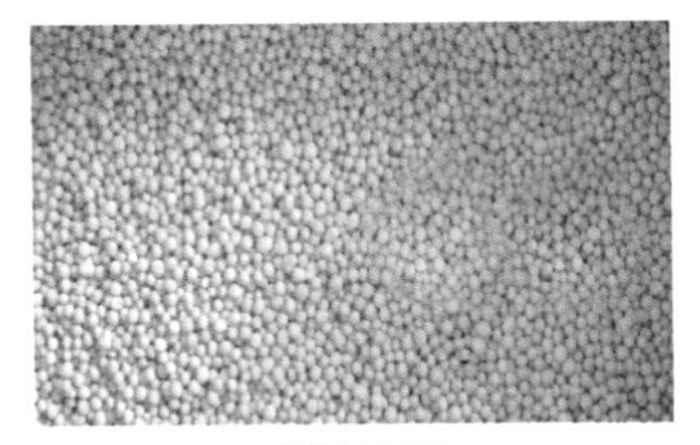
苦土石灰

苦土石灰

苦土石灰准确来说属于一种土壤调节剂，它的成分是植物生长所需的苦土（氧化镁）及石灰（钙）。混入土壤后产生的功效稳定，还可中和土壤的酸性。有颗粒状和粉状两种类型。

浮石

浮石（钵底石）

作为种植的好帮手，浮石的加入可改善土壤的排水性及透气性，一般放入花盆等容器底部。

如果对购买的培养土不太放心的话，还可以自己调配混合土壤，根据自己的需求及各地土壤的情况配制适合本地的营养土。

自己在家中动手混合土壤时，土壤混合比例是非常重要的。下面，以蔬菜和草本植物用土的比例进行示范。

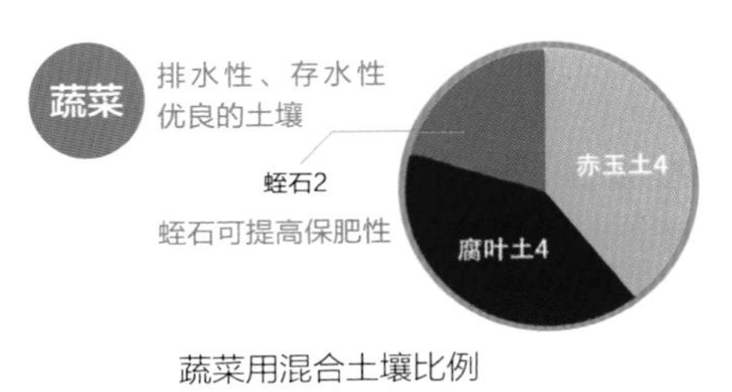

蔬菜用混合土壤比例

蔬菜用混合土壤需要排水性和存水性优良的土壤，混合土壤比例为4:4:2，即40%的腐叶土、40%的赤玉土、20%的蛭石。蛭石具有存肥的特殊功效，可以提高土壤的肥沃性。

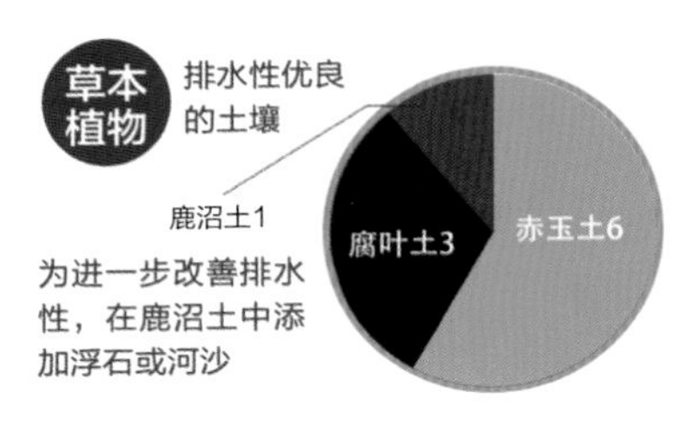

草本植物用混合土壤比例

草本植物用混合土壤需要排水性优良的土壤，混合土壤比例为6:3:1，即60%的赤玉土、30%的腐叶土、10%的鹿沼土。在鹿沼土中添加适量的浮石和河沙可改善土壤的排水性。

肥料的选择

种植蔬菜时，若想要收获的蔬菜更加健康、营养、美味，肥料的作用尤为重要。尤其是在阳台种植蔬菜，由于土壤用量有限，不施加合适的肥料会导致蔬菜生长不良，果实难成熟。

不同的植物在不同的生长阶段需要不同的营养，因此，施肥时要根据植物的生长具体生长情况进行营养补给。

叶菜类推荐使用“叶肥”。叶肥中含有氮，是植物中负责光合作用的叶绿体的主要成分，具有增强植物茎部、促叶面扩展及保持叶面光泽的功效。需要注意的是，若氮含量过多会导致植物疯涨或病虫害。

果菜类推荐使用“花肥・果肥”。花肥中含有的磷酸是花及果实等生长期间所需的营养素。适量的磷酸可以让花朵更加鲜艳、果实更加饱满。若缺少了磷酸，植物则不容易开花、结果。

花肥・果肥

根菜类推荐使用“根肥”。根肥中含有的钾是作用于植物整体的营养素。钾有利于植物养分的移动和纤维质的生成，同时还有防病虫害的功效。如果缺少钾，根菜类植物则较难成活。

化学肥料

化学肥料是化学合成的、含多种成分的无机肥料，有添加后缓慢显现效果的缓效性和添加后立即起效的速效性两种类型。

化学肥料

有机肥料

有机肥料是以动物或者植物为原料的肥料。添加到土壤中后，逐渐被微生物分解，成效逐渐显著，主要用作底肥。有机栽培和无农药栽培等培育方式都使用有机肥料，其中刺激性的气味不太适合阳台种植，在购买时要搞清楚。

有机肥料

有机配方肥料

有机配方肥料是以有机质和无机质为原料，结合二者的优点，成效显著且效果持续时间长。

有机配方肥料

肥料的添加方式分为底肥和追肥两种。底肥是在植物种植前将适量肥料均匀混入土壤中的肥料添加方法。

追肥是在植物生长过程中添加肥料。视植物生长情况可添加速效性的液态肥料或长期有效的缓效性肥料。

缓释肥在播种及移栽时混入土壤

液态肥料每两周添加1次，固态肥料每月添加1次

正式收获后或大范围修根后，根据需要添加肥料，使植物恢复元气，可再次收获

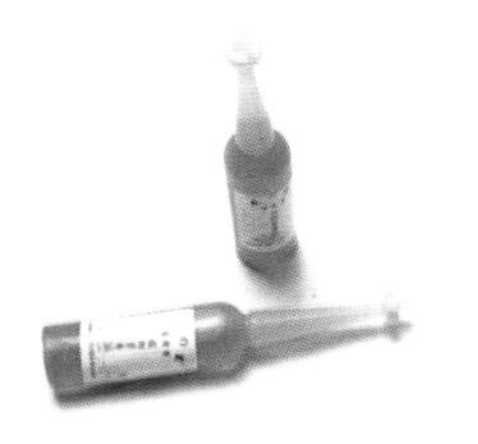

活性剂 · 营养剂

活性剂 · 营养剂

活性剂和营养剂并不是肥料，而是给植物增加活力、支撑植物健康生长的液剂。有稀释剂、直喷型等。

工具的选择

阳台种植蔬菜的最大优势就在于培育植物的场所近在眼前，并且家中的很多日常用品都能作为栽培的代用工具，例如一个普通的杯子可以用作洒水壶或植物容器，只需最简单的准备就能完成整个种植及收获的过程。也可以根据需要慢慢添置专业的园艺工具。

土铲

在种植时均匀撒土，使土壤均匀深入种苗与容器之间的间隙，让培土更加便捷。有大有小，可根据具体情况区分使用。

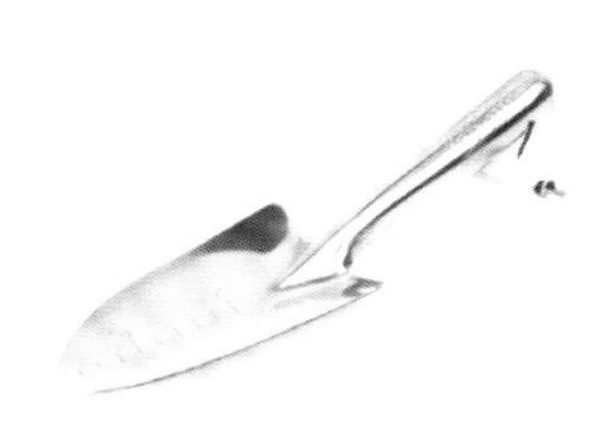

园艺铲

在移栽种苗和收获果实时用来铲土的工具。建议购买不易生锈的不锈钢材质。

洒水壶

给植物洒水时使用的工具。建议选购轻便、不易生锈的不锈钢壶或者塑料壶。还有洒水头最好是可拆卸的，方便调节水量。

水壶

可直接给植物根部加水的工具、也可用于加水稀释后的液肥。

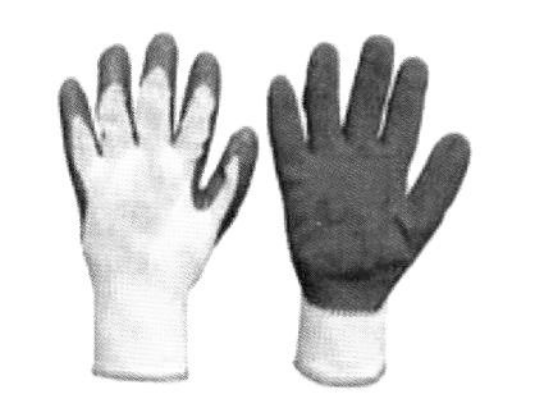

手套

适用于植物移栽及日常养护，不用直接接触土壤就可以完成园艺工作，可保持手部清洁。有橡胶、布料、皮革等不同材质，可根据自家需要选购。

手喷壶

微量加水时使用的工具，用于植物发芽前的精细补水或叶面补水。

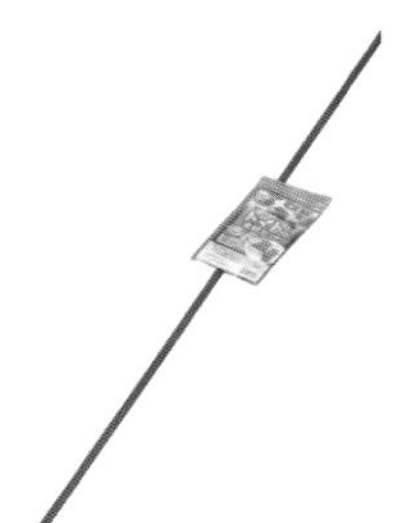

支架

用于植株较高且容易倒伏的蔬菜或藤蔓类蔬菜等，尺寸一般为40～150厘米，是在阳台种植蔬菜时方便、实用的工具。此外还有U字型及自由弯曲的类型。

园艺扎线

内部嵌有金属丝的橡胶线。用于将植物的藤蔓及茎等固定在支架上或引导植物到花格架上。

花架

用于黄瓜、苦瓜等藤蔓性蔬菜，是植物混合栽培的方便工具。

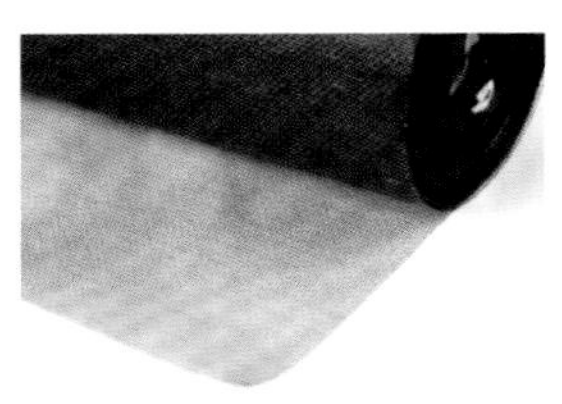

花盆底网

一般铺垫在花盆底部，防止土壤溢出和害虫入侵。购买后可根据所需尺寸进行裁剪。也可以使用家中的纱窗网或者塑料网代替。

花盆保护膜

用于防风的保护膜。在花盆中立起支架，盖上保护膜，能有效防止大风对植物的损坏。

容器的选择

种植蔬菜前需要根据蔬菜的种类及果实成熟时的大小、形状等选择最适合的容器。

种植蔬菜时，从播种、移栽到最后收获时的尺寸差异较大。叶菜类的叶片会向四周生长散开，所以需要一定的地上空间。根菜类的根部生长丰满，则需要一定的地下空间。适合的容器对蔬菜的成长很重要。

・花盆的大小：口径（直径）用“号”表示。
*1号盆的口径约为3厘米，5号盆约为15厘米，10号盆约为30厘米。每增加一个号,口径增加3厘米。盆号只与口径有关,与深度无关。
・花槽的大小：用“型”表示。
*标准型是最常用的尺寸，盛土量为12～13升。
*大型比标准型稍大且深一些，盛土量约为30升。
*小型相当于标准型一半的容量，盛土量约为5升。

1~9号花盆。每增加一个号，口径增加3厘米

标准型、大型、小型三种型号的花槽

了解花盆或花槽的特征，是为了方便选择合适的容器种植蔬菜。

不同材质的花盆也各有特色。朴素风格的烧制陶盆有很多肉眼无法看到的细孔，其透气性及排水性都很优良，植物根部不容易腐烂。但是需要注意，在种植喜水性植物时应增加补水频率。塑料材质容器的透气性较差，但存水性较好，推荐用于不耐旱的蔬菜及根部吸收养分的蔬菜等。

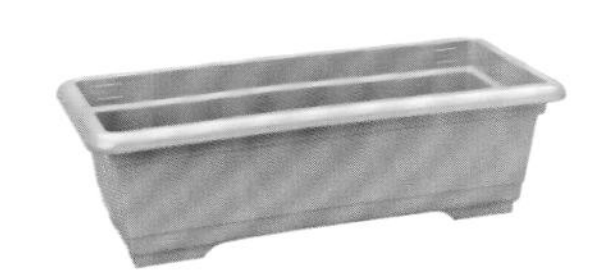

塑料盆

质地轻盈，方便移动，而且价格实惠。存水性优良，可设计成各种风格及颜色。

陶盆

用陶泥经高温烧制而成，有各种大小和花纹，透气性和排水性优良。但因为水分易流失，需要增加补水频率。

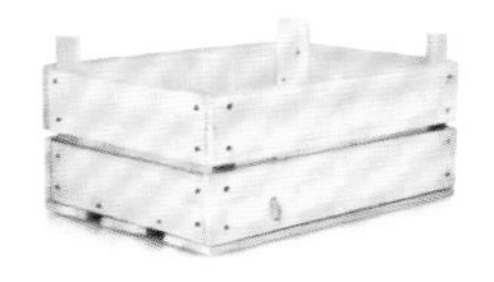

木箱

透气性优良，具有原生态风情，优雅的外形备受欢迎。但浇水后自身重量增加，且木制材质易腐烂，需要做防腐处理，选购时请注意。

再生纸盆

用废旧纸张等回收材料制成。特点是优良的透气性及排水性，质地较轻、方便使用。在废弃后，焚烧处理即可。

金属盆

相对于功能性来说更加注重的是本身的造型设计。可在废旧金属水桶底部开孔后直接使用。

种植步骤

铺垫钵底石

往花盆中铺垫钵底石，一可以提高盆的排水性，二可以增加透气性，对植物的生长有非常重要的作用。

装入培养土

往花盆中装入适量的营养土，土的高度以距盆的边缘5厘米左右为宜，尤其是种植叶菜时，土的高度尽量靠近边缘。

播种

在阳台种植蔬菜时，如果从播种开始，需要花费较多的时间和精力，但等到果实成熟收获时，也让人更有成就感，喜悦之情溢于言表。播种方式有以下3种，3种播种方式的共同点就是需将土壤填入容器中。

1.撒播

撒播的播种方式比较适合叶菜类，而且是叶子不太大的种类或者间拔较多的蔬菜。

将所要种植的蔬菜种子用手均匀撒向土壤表面。

完成播种后，覆上一层薄薄的土，0.5～1厘米为宜。

覆土及注意事项

蔬菜种子中，有在发芽时需要光线的喜光性种子和不需要阳光的喜阴性种子。喜光性种子应该盖上一层薄薄的土壤，用手将它轻轻按进土壤中就可以；而喜阴性种子需要盖上更多的土壤，在种子发芽前尽量避免接触光线。二者的播种方式是不相同的。

2.点播

在容器中土壤上每隔一定距离用手指或木棍等工具开洞，然后播种。适合较大的种子。种子较大时，洞的间距一定要够大，若间距太小，叶子长出后会拥挤。

每个洞内放入2～3颗种子，不要太多。

用手或者工具将种子周围的土壤拨到洞里，覆土的厚度以0.5～1厘米为宜，然后轻轻压实，使种子和土壤紧密接触。

3.条播

用木片或者纸板等工具将土壤划出深约1厘米的沟槽，方便播种。

沿着划出的沟槽依次播种。可以将种子放在折纸中播种，这样更方便，而且播撒更均匀。

用手或者工具将种子周围的土壤拨到沟槽里，覆土的厚度以0.5～1厘米为宜。然后轻轻将土压实，使种子和土壤紧密接触。

移栽的基本方法及步骤

所谓的“移栽”就是将育苗盆中的种苗移栽到花盆或花槽中。从种子开始培育是比较困难的，为了方便快捷，可以在市场中购买培育好的种苗。种苗需要悉心照料，最重要的是要保证种苗根部的完整性。

在花盆底部透水孔的上方铺设花盆底网，花盆底网要比透水孔稍大。然后倒入占整个花盆容积1/6～1/5的钵底石，用于改善排水性及透气性。

将混合好的培养土倒入花盆中，约到花盆深度的1/3处。将培养土填好，并使用工具挖好种植坑。

在种植坑中浇好充足的水，使种植坑周围的土壤变得湿润。

用一只手的手指轻轻夹住种苗的茎部，另一只手的拇指从育苗盆底部的孔向内挤压，慢慢取出完整的种苗。用手将根球的下端轻轻拨开，注意避免根球松散。再用园艺剪刀修理杂乱的根系。

将取出的种苗轻轻放入花盆中央，摆好位置后再慢慢填上混合营养土。为了防止种苗倾斜，用手指或者简单的工具将混合土壤轻轻填送至种苗根球与花盆之间的间隙处。

移栽完毕后给种苗浇水，直到有水从花盆底部排水孔溢出为止。

填土后注意土壤表面要比花盆边缘低2厘米左右。在种苗根部堆土，使种苗根部周围的土高于盆中土壤表面。

将花盆移至阴凉处放置2～3天，等待种苗根部稳固（在由秋转冬的季节更替之际应接受日照）。

间苗

间苗又叫疏苗，即拔掉一部分长势差的幼苗，选留壮苗，让苗间空气流通，充分享受日照，避免相互遮光，同时也能节省水分和养分，利于菜苗的茁壮成长。所以，间苗对于种菜来说非常重要，许多新手就是因为不敢放手间苗，才导致收获不理想。

第一次间苗

间苗的原则是拔掉弱小苗，留下粗壮苗。如果是叶菜类，可以多次间苗，且每次拔下来的小苗也可以当菜吃，新鲜又美味。

第二次间苗

间苗后，小苗长得非常快，约两周后，可以进行第二次间苗。第二次间苗时，应拔掉长得比较弱小的或有病变症状的病苗。

间苗后的蔬菜生长状况

混合搭配种植

阳台种植蔬菜的空间非常有限，所以一个花盆或花槽中搭配不同种类的菜是一个非常不错的方法。在进行混合搭配种植时，可加入一些防治病虫害的伴生植物，也可搭配多种基本属性相近的植物，有利于后期的维护及生长。

准备好种植的种苗。图中从左起依次为巨型南瓜、青萝卜、秋葵。不同的品种混合种植可以有效防止病虫害。

将土壤倒入花槽中，然后放入种苗，注意确认种苗的大小、分布位置以及根部高度，保证有2厘米的水分空间。

将土轻轻填入种苗之间、种苗与花盒之间的间隙。

花盆中细小的间隙可以用木棒或手指将土壤填送入。

给移栽后的种苗浇水直至花槽底部排水孔有水溢出为止，然后将盆栽置于阴凉处放2～3天。

培土、堆土

为防止植物根部露出土壤表面，需要对植物进行培土、堆土，这是根菜类在栽培过程中必不可少的工作。

培土就是给植物补充新的土壤。因为间苗等会带走少量花盆中的土壤，所以需要重新补充适量新土壤，稳固植物。在培育牛蒡和土豆等根菜类植物时需要多次进行培土，以便给植物根部提供更大的生长空间。

堆土就是将土向植物根部堆送的工作，是防止植物被风吹倒或根部暴露在土壤外的有效办法。特别是根菜类植物长大后，根部易露出土壤。如果放任不管，露出部分会影响蔬菜质量，所以需要堆土。

抬高根部，用手将土壤抚平，使植物稳定

随着植株的成长，洋葱露出土壤

堆土将洋葱露出部分掩盖后，洋葱生长会更快

摘心、摘芽

摘心就是将植物茎叶的顶部生长点摘除。通过摘心的方式使植物主干周围的侧枝、芽及藤蔓得到延伸，从而增加植物的枝数和收获量。

摘心的必要性

将迅猛生长的植物茎叶顶端用手掐断或园艺剪刀剪断，可以将植物向上方延伸的养分引导向四周，促进新芽的生长。等新芽生长到一定时期，再通过同样的摘心处理让植物再长出新芽，变得更加饱满、健康。

丝瓜等葫芦科及豆科植物需要通过摘心处理使藤蔓向四周延伸，可以有效增加果实收获量。

剪去植物向上延伸的茎部顶端

植物摘心之后，要及时浇水施肥

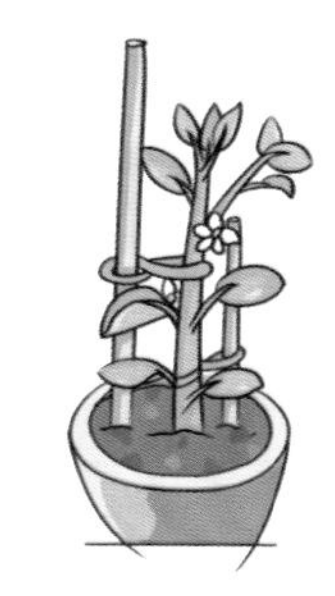

如果植物茎部超过支架的高度，应及时摘心，避免带来养护问题

摘芽的必要性

摘心处理引导植物新芽向侧面延伸。但为了改善植物主茎的生长及果实的成熟度，还需要摘芽。摘除植物茎部分支或叶根部长出的新芽，可以提供更加充足的养分，改善果实的成熟度，是培育出美味健康蔬菜的重要步骤。

用指尖将新芽摘除

西红柿、茄子等植物必有的处理步骤

搭架

茎部柔软、细嫩的植物在移栽时需要在植物周围立起支架。可预先立起1根支架（预支架）。预支架在之后也能起到稳固植物的作用。在植物生长到一定时期后，可以给植物套上灯笼形状的藤蔓架，引导植物藤蔓延伸，不同的种植时期需采取不同的措施。支架可在市场上购买，也可自己动手DIY，最重要的就是要“牢固”。支架还是阳台种植蔬菜时对抗强风的措施之一！

可用橡皮筋或绳子套牢，以8字形固定在植物茎部。绳子打结时应留有一段，以免太紧损伤植物茎部

1根支架是进行移栽等处理时最普通的支架，3根支架是用3根支架相互支撑固定住

5根支架，引导藤蔓横向延伸

灯笼骨架型藤架，引导藤蔓缠绕水平支架

人工授粉

果菜中，有的植物自然授粉有困难，这时候就需要进行人工授粉。

果菜结果前需要植物雄性花粉传播到雌性柱头的授粉过程。花粉通常是借助风或虫等外力进行传播，这就是自然授粉。但是，由于阳台空间的限制，自然授粉难以完成，就较难结果。特别是瓜类等开花而难结果时就建议进行人工授粉。

植物雌花开花后，可以维持2～3天的授粉能力。但雄花开花期仅1天，而且是在早晨。应在雄花开花后，取雄花柱头擦拭雌花柱头，进行人工授粉。早晨10点前进行人工授粉的效果最佳。

确认柱头有花粉并进行擦拭花粉工作

雌花根部明显鼓起，果实逐渐生长

收获及后期处理

期待已久的收获时间到了，自己精心培育的蔬菜有了大丰收。在收获之后，大部分蔬菜需要处理干净，但草本植物和一小部分蔬菜仍然在生长，所以后期需要进行适当维护。

把握蔬菜最美味收获时期！享受最新鲜的蔬菜！这就是阳台种植蔬菜的乐趣！

在阳台种植蔬菜的最大乐趣和好处就是可以在各种蔬菜最美味的时候品尝。给蔬菜间苗的同时随时准备收获，因为真正的收获是积少成多。蔬菜收获时要观察蔬菜的大小及色泽。收获根菜时要仔细观察根部的形态，确认成熟后再收获。

果类

确认的重点：观察小西红柿果实色泽，全红透就是成熟，是食用的最佳时期

收获方法：从茎部弯折处向上弯，可轻松摘下

确认要点：确认豆荚成熟以及果实的饱满度

收获方法：用指尖掐下，也可以用剪刀剪下

叶菜

菠菜：根据生长期，可反复多次进行间苗并收获，留下的菠菜继续生长。前几次可摘取嫩叶枝，完全成熟时则连根拔出。

生菜：在生长阶段可以分次拔出收获，到完全成熟时则全部连根拔出。生菜的根系比较小，比较好拔。有些根系发达的根菜收获时要注意力度。

日常养护

播种后，要密切关注蔬菜的生长情况，及时进行浇水、施肥、间苗等作业，才能在收获的时候出现惊喜。日常养护在蔬菜的成长环节非常重要。

浇水

浇水的原则是“发现土壤表面出现干燥现象，需要充分补水”。其次，还需要观察土壤的状况，根据各种蔬菜的不同特性，适量浇水。

在给植物浇水时，除了向植物的根部输送水分外，还排出了土壤中的二氧化碳，起到输送新鲜氧气的作用。所以，要给植物补充充足的水分，让水顺势流淌，从花盆底部的排水孔中溢出。需要注意的是，如果每天补充少量水分，会导致植物根系长期处在潮湿的土壤中，最终腐烂。

给植物充分浇水直至有水从花盆底部排水孔中溢出

水顺势流淌，空气从排水孔进入，被根部吸收

种苗较小时期的浇水法：
将洒水壶的洒水口朝上呈淋浴状浇水

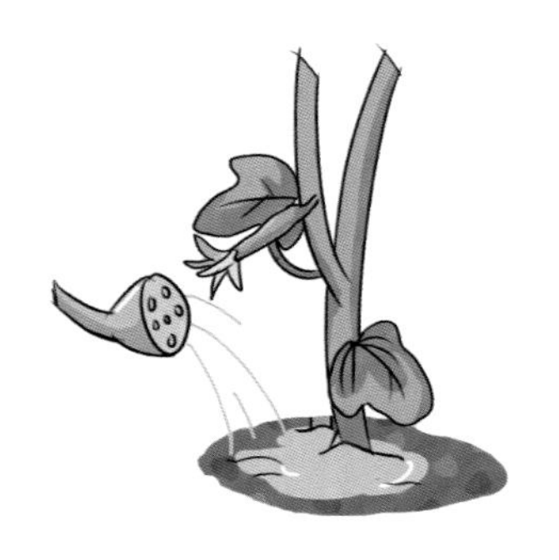

植物生长期间的浇水法：
将水壶对着植物根部浇水，而不是植物叶面。不仅要给植物根部补充水分，还要给整个花盆的土壤充分补水

各季节浇水要点

春季：蔬菜开始生长的季节，水分吸收快。如果发现土壤表面出现干燥现象，需要在傍晚时浇水。浇水时可适量添加液肥。

夏季：植物生长旺盛的季节，特别需要水分。土壤易干燥，可在每天早晚各浇水一次。如果在酷热的中午浇水，茎叶的水分流失过快，会导致植物萎靡。

秋季：逐渐步入冬季，需要提高植物的抵抗力，所以可减少植物补水量。但是，急剧减少补水量会增加植物生长压力，所以要逐步减少补水量。

追肥

随着植物的生长，需要追加适量肥料以补充土壤逐渐流失的养分。应根据植物的生长状态，定期添加见效快的肥料。

随着植物茎叶的生长、开花、结果，当初播种或移栽时施加的底肥已经无法满足植物的生长。为了补充养分，需要进行精细追肥。如果养分不足，叶菜的叶色会逐渐暗淡、叶片数量会减少，果菜的果实质量会变差、果实会变小，根菜会收获甚微。

追肥时可以选择液态肥料和颗粒状或片状的固态肥料。

固态肥料的施加方法：
可沿着花盆周围适量播撒

液态肥料的施加方法：
在清水中加入一定比例的液肥进行稀释混合（使用标准容积的瓶子会更加便捷），再将混合溶液倒入水壶中，往远离植物的土壤上浇

间苗

间苗是培育蔬菜成长的重要工作。注意不可一次拔太多，可逐渐增加间苗频率。间苗菜也是别具风味。

间苗秘诀

因为播种时需要播撒比计划种植量更多的种子，所以种子之间会产生竞争。为了让种苗健康成长，需要多次进行间苗。如果种苗间没有间隙则不利于种苗茎叶生长。不同品种的蔬菜，间苗方法不一。发芽后就应间苗，确保叶片之间无接触。去除叶片变形或损伤的苗。此后，随着种苗母叶的增多，进行“叶片不重叠”的间苗工作，留下生长均匀的种苗，并观察种苗根部，适量补充土壤，使种苗稳固。

预防自然灾害

北方的冬季和春季多大风天气，弱小的蔬菜在大风中容易出现断根倒伏现象。因此，要及时关注天气预报，提早做好防风措施。

阳台若有玻璃窗，大风袭来时，将窗子关上就可以了。如果阳台没有玻璃窗，就需要在大风来临之前，将易倒伏的蔬菜搬到室内，或者用帘子等进行遮挡。

防暑防寒

阳台种植蔬菜环境条件相对较差，想要蔬菜健康成长，就需要采取一些特殊护理措施。

夏季酷热，日照时间长，再加上水泥地面的反射作用，阳台的环境温度通常超过35℃。热量聚集的环境在晚间也很难降温。所以蔬菜的防暑措施一定要做到万无一失。高温和正午日照过强的时候需要将盆栽移至阴凉处，并保持通风良好。

防暑措施：用水将地面打湿，降低地面温度；铺设木板，防止水泥地面的反射；不直接将花盆放在地面；选择高低错落的架子，改善通风条件；用竹帘等遮挡阳光。

冬季的阳台白天还是比较暖和的，但是到了夜间，温度骤降，就需要采取适当的防寒措施。护栏式的阳台直面寒风，阳台内的温度其实比大气温度还低，花盆中的土壤比例较小，所以植物根部会直接接受寒风的考验。对此，可以在土壤表层铺一层草，或者制造一个简易的温室用以御寒。如果花盆较小，夜间可直接搬入室内；较难移动的大花盆可直接覆盖硬纸板，保温效果也很不错。

护栏式阳台，可在护栏处设置较厚的透明塑料板，一是保证阳光的正常照射，二是起到御寒作用。竖立网格状的栅栏板，虽然减少了一部分阳光，但可以起到遮挡强风、缓和风速的作用。

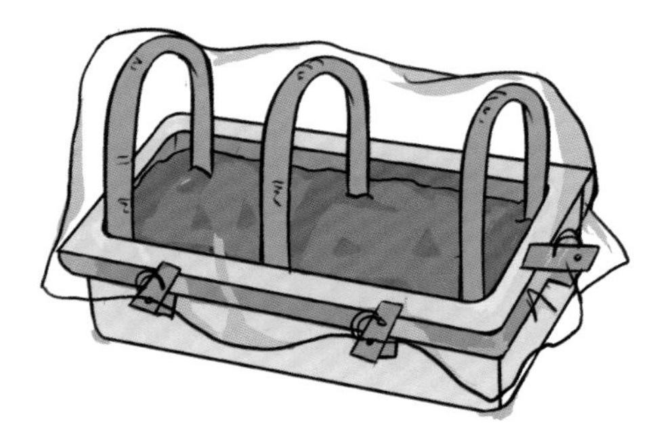

可在花槽四角支起较短的支架，然后盖上较厚的塑料袋，塑料袋表面事先戳几个孔，构成一个简易温室

防大风

有玻璃窗的阳台在预防大风时比较方便，只要关上窗子就可以

没有玻璃窗的阳台在大风来临时一定要提前做好防范准备，可以加上防风网，或者将蔬菜搬进室内

温馨提示：

大风季节来临时，一定要把花盆固定牢固，防止大风吹动花盆，造成危害。

防暴风雨

蔬菜最怕遇到的天气之一就是暴风雨。获得暴风雨预报后，要赶紧用坚固的支架加固你的蔬菜瓜果，雨点太大会直接损伤蔬菜的根茎和果实。

暴风雨来临时，先使用支架加固瓜果藤

将植物搬进室内是最简单有效的方法

常见病虫害防治

种植蔬菜，不可避免发生病虫害，一定要做到“发现后立即清除”。做好日常的养护和病虫害早期预防工作，可以保护蔬菜正常、健康生长。

主要虫害和疾病

白粉病：主要症状是叶面布满白色粉末状病菌。稍干燥时易出现。黄瓜、茄子等易发生白粉病。

疫病：病症是叶面上小斑点不断扩大，成为暗褐色的点，叶面产生病菌或枯萎，果实腐败，较多发生在西红柿、菜椒等果菜上。

灰霉病：症状是渗透至茎部的灰色霉斑，扩散至整体后导致叶面腐败。由枯叶等感染导致，常见于茄子等。

霜霉病：黄瓜常感染的疾病，叶面有黄色小斑点，最终会扩散至整体。圆白菜（甘蓝）等十字花科蔬菜也要注意。

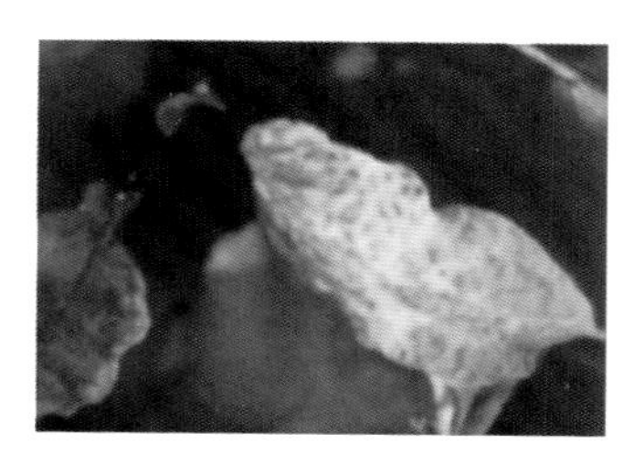

花叶病：叶面有深浅不一的马赛克状斑点，叶子萎缩，最终畸形或腐烂。通过幼虫传播，大多数蔬菜都有可能发生。

油虫：叶面上出现大片绿色或黑色的小虫。聚集在幼小的茎叶、新芽和花上吸取汁液，造成伤害。几乎涉及所有蔬菜。

小菜蛾：青虫型的幼虫，特征是从蔬菜叶背面开始吞食表面的薄皮。只啃噬萝卜等油菜科蔬菜。

伪瓢虫：成虫和幼虫一起吞食菜椒、土豆等蔬菜。吞食后留下阶梯状的痕迹。

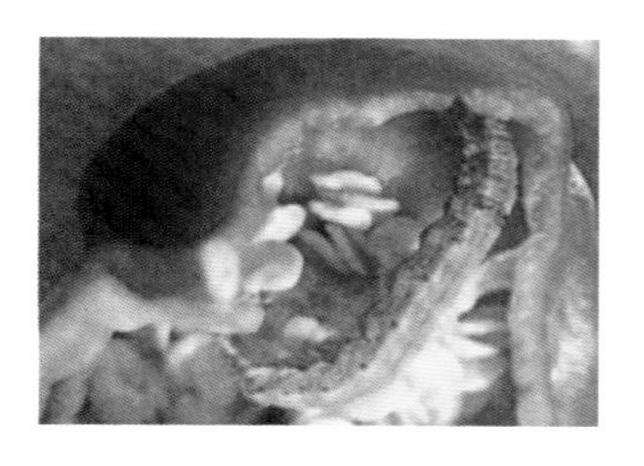

黏虫：夜蛾的幼虫，吞食土豆、菜椒等蔬菜。在夜间活动，吞噬速度极快。

鼻涕虫：在夜间吞食各种菜叶及果实。白天躲在阴凉处，擅长探寻及捕食。

1.预防处理的重点

因为是自己动手种植的蔬菜，所以尽可能避免使用药剂等化学制剂。下面介绍4个保护蔬菜的要点。

要点一：发现后立即清除

在察看植物时发现病虫害后要立即清除。若在花盆内发现排泄物，虫就一定在周围，要立即找出并清除。

要点二：选择抗病虫害能力强的品种

开始种菜前，选择好抗病虫害能力强的品种，使后期的安全更有保障。

要点三：尽可能创造优良的环境

改善日照、通风、排水等条件，清理花盆内的杂物等，精心护理。

要点四：采取有效的防御措施

选用自然健康的除虫剂或伴生植物，用健康的方式做好防病虫害工作。

2.选用纯天然杀虫剂

阳台蔬菜是自己种的，安全、无污染非常重要，所以在做防虫害时选用纯天然杀虫剂是最佳选择。

牛奶：如果发现幼虫，可在晴朗天气早晨将稀释过的牛奶喷洒在虫子身上。牛奶干燥后会形成膜，使虫子窒息死亡。之后可将膜清洗干净。雨天效果会减半

醋：在植物表面喷洒稀释了20~50倍的醋。醋的气味有驱赶害虫的效果，还可使害虫不产卵，防止其繁殖。可以让白粉病造成的白色叶面恢复正常

3.伴生植物的使用

伴生植物就是互相产生有益影响的共荣植物。种植在旁边或同一容器内，互相对生长有利，达到防病虫害的目的。在有限的阳台空间内，多种植物搭配种植更节约空间。

草本植物功效最强，以草本植物为伴生植物的搭配方式是一个不错的选择。

适合伴生的组合：菠菜与葱搭配，西红柿与紫苏、韭菜等搭配，茄子与韭菜搭配，南瓜与韭菜搭配，黄瓜与荷兰芹或葱搭配。

剪枝

在收获之后，剪去主枝以外多余的部分，是让植物在疲劳后恢复健康的方法。剪枝后必须施肥，使蔬菜更加有活力。

减去根部新长出的部分可以让植物更有活力

在距离植物根部较远的花盆边追施肥料，避免弄伤根部

移栽

多年生长的草本植物，随着植物的长大需要移栽到更大的花盆中。即使植物枝叶变硬，根系布满整个花盆，只要移栽到更大的花盆中，蔬菜就能恢复生机。

将植物从盆中轻轻取出，细心整理根球。可根据需要适当修剪过长且杂乱的根系

换新土，根据蔬菜种类及季节的不同，30~40天后即可恢复生长

插芽·插枝

将从植物上切下的枝叶插入土中，培养根系。比育种、培育种苗更简单、便捷，一次可培育许多相同属性的植株。

春季或秋季时，将植株嫩枝切分为10厘米左右的小段，除去底端的叶子

将嫩枝下端的切口切成斜面，蘸取少量生根粉，即可培养根系

分株

分株就是将植物挖出，从根系处分开进行移栽。如果根系长满整个花盆就需要分株。

挖出旧的植株，注意不要损伤植株根部

抖落旧土，并将太老的和受损的根、叶、枝剪掉

将带新芽的植株切成若干份

将分好的新植株放入移栽盆内，浇水使根系展开、生长，将移栽盆放阴凉处2~3天，等植株的根稳定后移至日照优良处

阳台种菜实例

我们整天生活在钢筋水泥丛林中，没有时间享受田园乐趣，没有空间让我们零距离亲近大自然，而且城市里几乎没有土地，想要吃到健康、无公害的绿叶蔬菜，该怎么办呢？

没关系，小小阳台其实也是种菜的好地方。下面就为你一一介绍阳台种菜的实例，只要你家有阳台，不论大小宽窄，总有一款阳台蔬菜适合你。

狭窄型阳台种菜实例

阳台种菜越来越受到欢迎，可是一家欢喜一家忧。阳台又宽又大的自然是适合种菜的最佳基地，阳台狭窄的又该怎么开辟一片属于自己的种菜小天地呢？

不用着急，只要搭配合理，狭窄的阳台一样可以种出可口的绿色蔬菜。狭窄型的阳台不宜种植蔓生蔬菜，如木耳菜、苦瓜、黄瓜等。

如果阳台面积不够大，可以将空间向上延伸，利用阶梯式的架构将叶子不多、高度不高的绿叶蔬菜分层种植。

如果阳台朝向是向南的，就算面积很小，充分利用空间还是可以种出自己喜欢的菜。

如果阳台空间较小，上方也不易悬挂，只能在护栏上挂上小型蔬菜盆，种植香葱、茼蒿之类的小型蔬菜。

如果阳台宽度不够，只是长度较长，可以考虑将蔬菜藤蔓引到支架上，让蔬菜向上生长，也一样节省空间。

宽敞型阳台种菜实例

如果你家阳台宽敞又明亮，不用来种菜就太可惜了。蔬菜虽然对生长环境不是太挑剔，但是空间大的话，空气流通，十分利于蔬菜的生长。

宽敞型的阳台如果是朝阳的，几乎可以种任何蔬菜，不用太担心什么品种不能种。

空间大，可种植的蔬菜种类也多，既可以种植叶类蔬菜，也可以种植果实类蔬菜，还可以靠着阳台的某一面墙放上木格架，种一些蔓生蔬菜，如木耳菜、苦瓜、黄瓜等。

蔬菜生长的日照和通风条件满足后，生长速度会非常快，所以经常有人说植物“见风长”。

一般家里都会有些废弃的木材或者木板，只要稍微加工一下，就能做成原生态的蔬菜架子，将花盆放在一层层木架上，既能节省空间，又显得非常整齐。

如果阳台外面的露台有很大的空间，也可以把种菜的盆放在外面，植物最喜欢这样毫无遮挡地晒太阳。

半圆形阳台种菜实例

很多住宅的阳台是半圆形结构，这种阳台在种植蔬菜时组成的图形比其他形状的阳台更漂亮。

半圆形阳台的护栏上可以种一些蔓生蔬菜，既美观又方便，不用另外搭木架。

鲜花环绕的阳台颜色艳丽，青菜环绕的阳台充满田园气息，置身其中，压力、忧愁统统都可以忘掉。

半圆形阳台的形状比较特殊，在考虑种什么菜的同时，别忘了设计一下。可以悬挂的阳台不妨种植一些小青菜或者葱来装饰。

待采摘的黄瓜

半圆形阳台有一个优点是其他阳台都不具备的，就是蔬菜能够最大限度地享受日照，长方形的阳台一般只能有一面敞开，半圆形的却可以180度开放。

长方形阳台种菜实例

长方形阳台是普遍的阳台样式，生活中也最常见。长方形阳台中，叶菜、瓜果都可以种植。

长方形阳台的面积比较大的话，可以在种植一些蔬菜之外，再摆上一些桌椅。把餐桌放在绿油油的小青菜旁边，也是一种享受。
吃着自家阳台种植的蔬菜，看着自己动手制作的种菜工具，现实版的开心农场比虚拟农场更有成就感。

· C H A P T E R ·

春生万物
阳台绿意盎然

土豆

学名 / 阳芋

别名 / 洋芋、马铃薯

科属 / 茄科

适种地区 / 中国南北方普遍栽种

种植要点

	温度	日照	浇水	施肥	土壤
播种、植苗期	13～15℃	散射光	浇透水	施基肥	土质肥沃，保肥性、保水排水性良好
生长、收获期	17～21℃	长日照	见干见湿	1月1次追肥	

档案

土豆为一年生草本植物。外皮有白色、淡红色或紫色等颜色，薯肉多为白、淡黄、黄色等。可食用部分是根部，一般呈扁圆形或长圆形，含有大量淀粉，可制成薯条、薯片、粉丝等美味食品。

步骤1

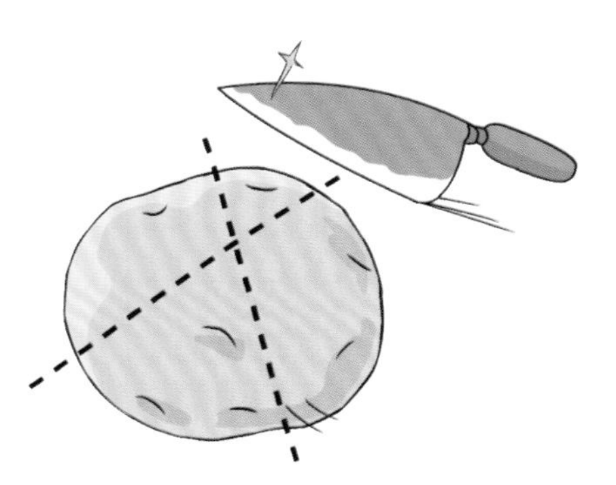

步骤2

步骤3

步骤4

步骤

1. 在花盆中装入半盆的土壤，并挖坑。
2. 将种薯切开，注意按照芽的分布均匀切，切开后每一块的重量在30~40克。
3. 将种薯切口向下放入坑中，注意间距大约在30厘米。
4. 盖上5厘米厚的土壤并浇水即可。

POINT 蔬菜小知识

种薯的选择：

栽种的土豆需要选用脱毒的种薯，并且一定要带有芽。如果选择平时吃的土豆，不易发芽生长，还有可能因带有病毒而无收获。

生长

土豆在栽种2周后就会发芽，如果是秋季栽种，开始发芽后就需要搬到日照充足的地方。到了第六周，为了不分散养分需要进行间苗作业。间苗后需要追肥，一般隔一个月就需再次通过培土来追肥。

步骤1

步骤2

步骤3

步骤

1. 种薯种下6周后，新芽长到10~15厘米时，将长势较弱的新芽用剪刀从根部剪去，留下1~2株。
2. 将土壤和肥料按照1:1的比例进行混合后加入花盆中，加约5厘米高，最后浇水。
3. 8周后，有花蕾长出，与上一次相同，进行追肥、加土作业即可。

POINT 蔬菜小知识

发芽、发绿的土豆能不能吃?

我们买土豆的时候，要注意挑选。若发现土豆发芽、变绿，一定不要食用。如果只有一点发芽、发青，食用前应把芽和发青的部分挖掉，然后煮透。为了健康，一定要注意不吃半生不熟的土豆。

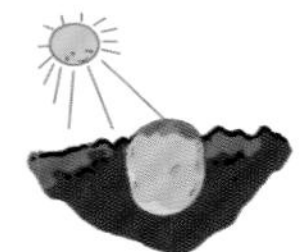

土豆为什么会变绿?

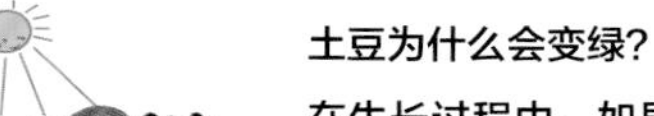

在生长过程中，如果土壤较少，土豆表皮露出土壤表层，表面就会变绿，这时需要适量加土。

种薯种下14周后开始收获。春季栽种的土豆，6月是最佳收获期；如果是秋季栽种的土豆可以在11月中旬至12月收获，需要在温度降到0℃前收获，否则容易受冻腐烂。

步骤1

步骤

1. 茎叶变黄枯萎，即到了收获期。可用手握住茎叶直接拔出。
2. 用剪刀将土豆剪下。晴天将收获的土豆放在阳光下晒干。

步骤2

POINT 蔬菜小知识

如何保存土豆?

用干报纸将土豆包好，放在通风且无阳光直晒的地方保存即可。不要放在阴凉、湿润的地方，否则容易发芽。

学名 / 姜

别名 / 姜皮、姜根、百辣云

科属 / 姜科

适种地区 / 中国南北方普遍栽种

姜

种植要点

	温度	日照	浇水	施肥	土壤
播种、植苗期	22～25℃	黑暗环境	保持湿润	施基肥	覆盖层以深厚、疏松、肥沃、排水良好的沙壤土为宜
生长、收获期	20～28℃	遮阴环境	见干见湿	每月1~2次	

档案

姜为多年生宿根草本植物。根部表面为黄褐色或灰棕色，根茎肥厚，多分枝，有芳香和辛辣味。具有使血管扩张、加快血液循环等作用。是家常配料之一，也可以药用。

植苗

姜一般用根茎繁殖，南方于1～4月种植栽培，北方于5月种植栽培。繁殖采用条栽或穴栽，在秋季采挖姜时，选择肥厚、浅黄色、有光泽、无病虫害、无伤疤的姜做来年的种姜。

步骤1

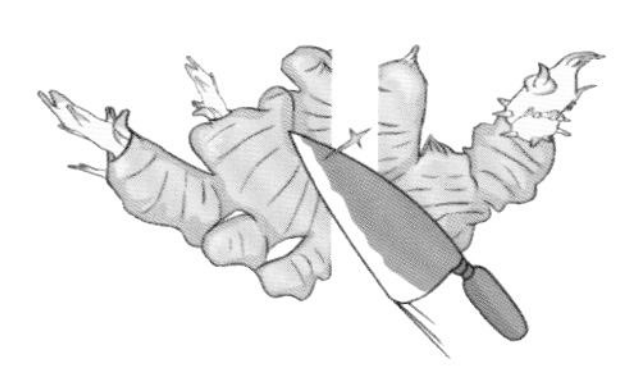

步骤2

步骤3

步骤4

步骤

1. 在容器中装入土壤，并将土壤表层抚平。
2. 将准备好的种姜按照芽的分布用刀均匀切开，每片大概有芽3个。
3. 将芽朝上，紧密排列在容器中。
4. 盖上约3厘米厚的土壤，并浇水。注意在发芽前保持土壤湿润。

POINT 蔬菜小知识

如何选择种姜?

种植姜时建议选择表皮湿润、不干燥、色泽良好、整体饱满的种姜。

植苗4周后，姜开始发芽，适度追肥、培土。以后每月追肥、培土1～2次。

步骤

发芽后，追肥10克，与土充分混合，培向根部。

POINT 蔬菜小知识

为什么夏宜吃姜，秋不宜呢?

夏天人们经常贪凉纳冷，导致脾胃虚寒、食欲不振，此时吃姜可温胃散寒、增进食欲。

秋天比较干燥，人易感到口干舌燥、皮肤干燥，需要滋阴去火。而姜性辛温，易上火，所以建议尽量少食。

食姜小常识:

每日清晨取大枣10个、姜5片、红糖适量，煎汤代茶饮，特别适合冬季手脚发凉的朋友食用。

收获

植苗8周后，姜的叶子长到4～5片时，就能收获笔姜。
植苗12周后，姜的叶子长到7～8片时，就能收获叶姜。
植苗6个月后，姜的叶子变黄时，就能收获普通姜。

步骤1

步骤2

步骤3

步骤

1. 叶子长到4~5片时，可收获笔姜。直接用手握住茎叶拔出即可。
2. 叶子长到7~8片时，可收获叶姜。直接握住茎底部拔出即可。
3. 叶子变黄后，可收获普通姜，直接用铁锹刨出来即可。

POINT 蔬菜小知识

如何保存姜?

用干报纸把姜包好后装入塑料袋中，放入冰箱冷藏即可。也可以将其直接埋在装满半湿润沙子的容器中保存。

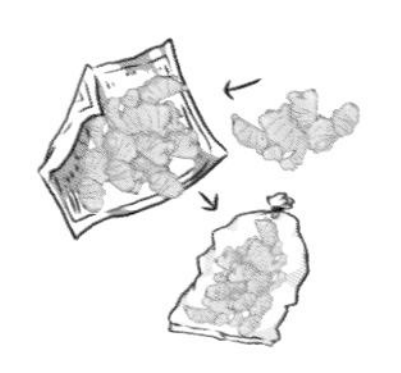

菜椒

学名 / 菜椒

别名 / 甜椒、青椒、灯笼椒

科属 / 茄科

适种地区 / 中国南北方普遍栽种

种植要点

	温度	日照	浇水	施肥	土壤
播种、植苗期	28~30℃	黑暗环境	浇透水	施基肥	以潮湿易渗水的沙壤土为宜
生长、收获期	25~28℃	半日照	见干见湿	2周追肥1次	

档案

菜椒是一种一年生或有限多年生草本植物。最常见的果实颜色为翠绿色，此外还有红、黄、紫等多种颜色。形状似灯笼，人工培育的菜椒体积大、果肉厚、辣味少，深受广大群众喜爱。

播种

4~5月是菜椒的播种期。首先在花盆内装入由小粒的红玉土或黑土与花肥混合而成土，往土中放入3粒种子，然后覆盖上约5毫米厚的土，最后适量浇水。

植苗

菜椒的植苗期在5月，以5月上旬为最佳。菜椒喜高温，所以不要过早栽种，栽种时不要破坏根部土球。从苗盆中取出菜苗时，如果发现底部有缠根现象，需要将根稍微清理下再栽种。在栽种的过程中还需要搭支架，以防幼苗被风吹得东摇西晃甚至折断，导致无法存活。

步骤1

步骤2

步骤3

步骤4

步骤5

步骤

1. 选择带有7~8片真叶、根部土块结实、有花蕾的菜苗。
2. 在花盆中放入适量土壤，并在盆中挖一个坑。
3. 用手指轻轻夹住菜苗底部，倒置苗盆，取出菜苗放入花盆坑中。
4. 在菜苗旁不远处支起支架，轻轻捆绑好即可。
5. 给菜苗浇水，直至花盆底部排水孔有水溢出。

POINT 蔬菜小知识

辣椒的药用价值：

用餐时搭配辣椒食用，能够改善食欲，增加饭量。如果单独用少许辣椒煎汤内服，可治因受寒引起的胃口不好、腹胀腹痛。

菜椒植苗2周后就可进行去侧芽、立支架、追肥等工作。

当菜椒长出第一朵花时，其上部的枝条会自然分叉，此时不需要摘除腋芽。一般在2～3周后才开始进行去侧芽、立支架、追肥的工作。3周后开始陆续开花，如果植株在幼小时就结果，会导致生成缓慢，所以第一个果实刚结出来就要将其摘除，这样可以让枝条生长得更好。

生长

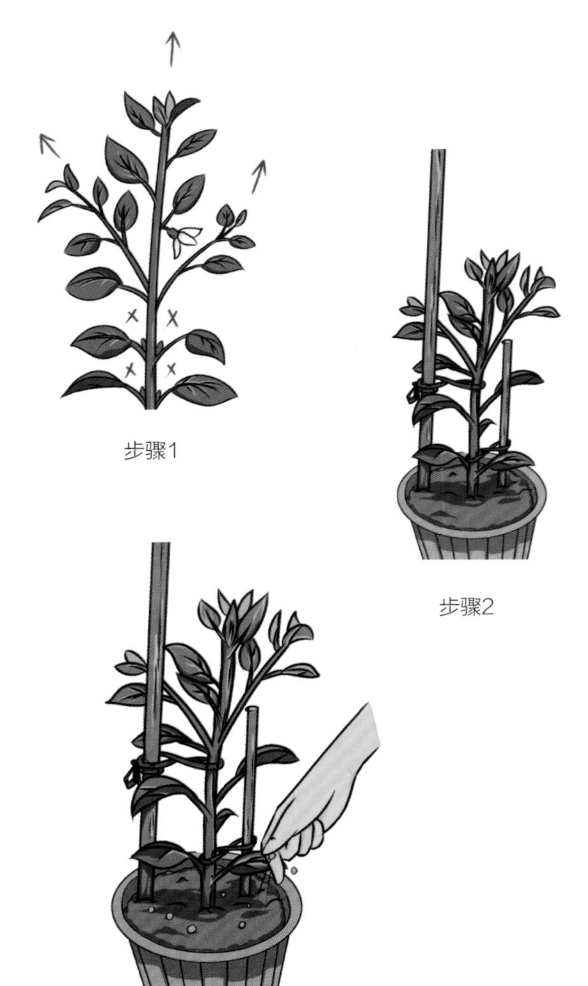

步骤1

步骤2

步骤3

步骤

1. 菜苗上出现第一朵花，在2~3周后，开始去除周围的侧芽，只留下花下最近的2个侧芽和主枝。
2. 在距离菜苗20~30厘米处插入一根长120~150厘米的支架。
3. 出现小果实时撒入10克左右肥，以后每隔两周再追一次肥。

POINT 蔬菜小知识

如何吃辣椒而不辣？

要想不辣最关键的是去子，还有就是把里侧辣椒肉上的白色筋也剔除，就不那么辣了！

普通菜椒收获绿色果实，在果实长出来后要及时摘下，这样就会陆续结出更多的果实。

步骤1

步骤

1. 4周后，用剪刀剪下长至4~5厘米的果实，提前收获有利于后面果实的生长。
2. 6周后，用剪刀剪下长至5~6厘米的菜椒，提前收获可减少植株的压力。

步骤2

POINT 蔬菜小知识

如何保存菜椒？

将新摘的菜椒直接装入塑料袋中，封紧袋口后放入冰箱内冷藏即可。或将菜椒洗净，稍冷却后放入塑料袋中，封紧袋口放入冰箱冷藏即可。

苦瓜

学名 / 苦瓜

别名 / 凉瓜、锦荔枝

科属 / 葫芦科

适种地区 / 中国南北方普遍栽种

种植要点

	温度	日照	浇水	施肥	土壤
播种、植苗期	30～35℃	短日照	浇透水	施足量基肥	以肥沃疏松、保土保肥力强的土壤为宜
生长、收获期	10～35℃	充分日照	见干见湿	及时追肥	

档案

苦瓜为一年生攀缘草本植物。果皮呈青绿色、绿白色等，果实为纺锤形或圆柱形，表面有大量瘤状凸起物，具有清热解毒等功效。既可以凉拌，也可以清炒熟食，是深受大家喜爱的一种蔬菜。

播种

苦瓜在4月下旬至5月中旬间播种。将种子放在育苗盆中，然后将育苗盆放在日照充足的地方等待发芽。播种4~5天后就会发芽，需要注意及时浇水。

植苗

播种3周后，苦瓜苗长出5～6片真叶。留下一株最大的苗，其余均拔除。将最大的苗定植到另一个大一点的花盆中。立一根支架，轻轻绑一下，充分浇水后移至阴凉处放2～3天。

步骤1

步骤

1. 选择一株最大的、带有5~6片真叶的健康苗。
2. 定植在大一点的花盆中，立一根支架，轻轻绑一下，充分浇水。

步骤2

POINT 蔬菜小知识

如何减轻苦瓜的苦味?

将苦瓜切开，用盐稍腌片刻，然后炒食，既能减轻苦味，又能让苦瓜的风味犹存。

观察苦瓜藤蔓的生长情况，适时进行摘心及立支架工作，引导藤蔓攀爬，可防止藤蔓延伸过长。还要保持良好的通风和日照情况。

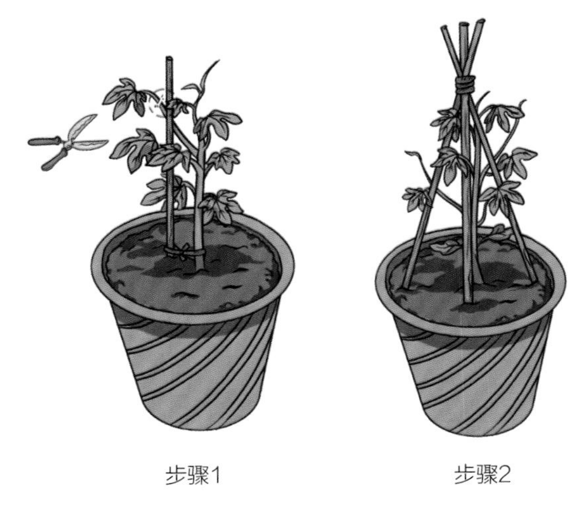

步骤1　　步骤2

步骤

1. 用消过毒的剪刀将植株顶端剪去。
2. 用3根细木棍搭建三角形支架，再用麻绳或包胶钢丝引蔓固定。

苦瓜长至约20厘米就可以开始收获。收获完成后必须施复合肥料，让植株能继续生长。到秋季时，还可以享受收获的喜悦。

苦瓜长至20厘米后即可收获

步骤

用手摘下或用剪刀剪下长至20厘米左右的苦瓜。

POINT 蔬菜小知识

如何保存新鲜苦瓜?

生的苦瓜放置时间长了其新鲜度和营养价值都会下降。可用纸或保鲜膜包好后放入冰箱内冷藏。

学名 / 南瓜

别名 / 金瓜

科属 / 葫芦科

适种地区 / 中国南北方普遍栽种

小南瓜

种植要点

	温度	日照	浇水	施肥	土壤
播种、植苗期	25~30℃	短日照	浇透水	施基肥	以肥沃、疏松、吸水保肥力强的土壤为宜
生长、收获期	10~35℃	充分日照	见干见湿	2周施肥1次	

档案

小南瓜是一年生蔓生草本植物。瓜皮为翠青色，带有淡黄色斑纹。小南瓜的形状有西葫芦形、圆形、长圆形。果皮较厚，果肉鲜美，略带甜味。成熟的小南瓜呈金黄色，可蒸熟后混合面粉制成老少皆宜的南瓜饼食用，味道独特！

播种

小南瓜播种期在气温逐渐回暖的4~5月。首先选择颗粒较大、无伤痕、形状完整的小南瓜种子，然后在花盆土中用手指戳出几个1~2厘米深的坑，在每个坑中放入2~3粒种子，最后盖上土壤并浇水。

小南瓜适合6～7月植苗。根据南瓜品种的不同选择不同大小的花盆。在花盆内装入适量土壤，并在中间挖一个较大的坑。然后用手轻轻将苗从苗盆中取出放入花盆的坑中，盖上土壤稳固根部。藤蔓开始生长后，在花盆内搭支架引导藤蔓生长，可节约空间，保持瓜表面的洁净。

步骤1

步骤2

步骤3

步骤4

步骤

1. 根据品种的不同选择大小适宜的花盆。
2. 将土放入花盆中，在盆中央挖一个较大的坑。
3. 将瓜苗从育苗盆中取出，放入花盆中间的坑内，并盖上土。
4. 搭支架引导藤蔓。

生长

3周后，可开始进行去侧芽工作。第一次去侧芽时间在发现同一个位置长出多个芽的时候，芽多会影响小南瓜的生长，只需要留一个芽即可；第二次去侧芽在母苗长出5～6片真叶时，直接剪去较小的芽，注意不要用手拔，手拔容易对植株造成伤害。每次去侧芽后记得把植株放在阳光充足的地方养护。

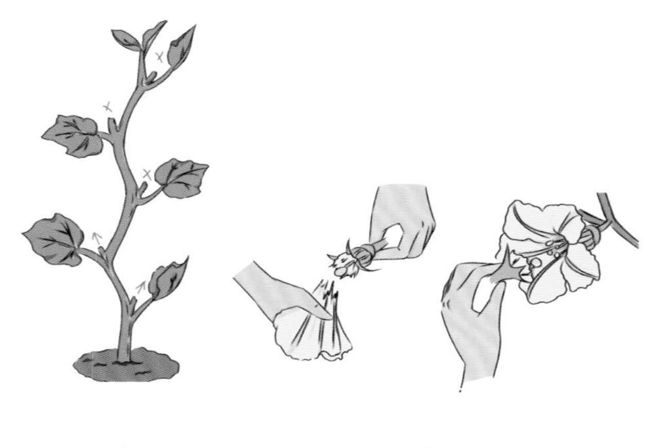

步骤1　　步骤2

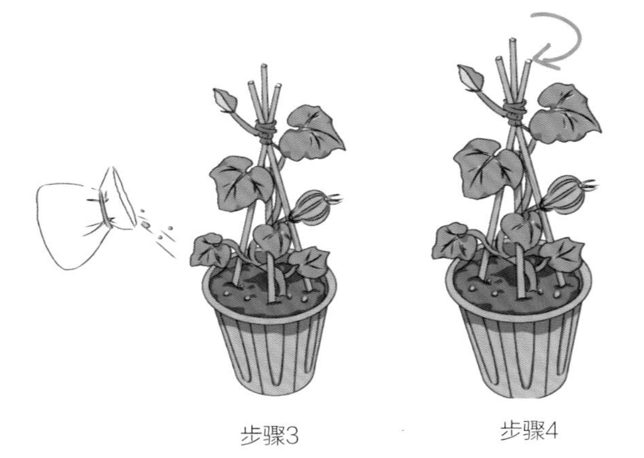

步骤3　　步骤4

步骤

1. 去芽：留下主枝和2个侧芽，将其余的芽去除。
2. 花开后将雄花摘下。去除花瓣，留下花蕊，贴近雌花进行人工授粉。
3. 小南瓜的第一个果实变大时，施肥10克，之后每隔两周再施一次肥。
4. 为了让小南瓜表面受光均匀，可以经常转动花盆位置。

POINT 蔬菜小知识

如何控制藤蔓疯长?

用两根竹签在离南瓜根较近的茎蔓上呈十字型插入，就能控制南瓜藤蔓疯长。这样可以有效地减少养分消耗，使养分集中供应于开花结瓜的需要。

8周后，小南瓜苗开花后40～50天，就到了小南瓜的收获期。成熟的小南瓜根蒂变成木质，表皮变硬，可用剪刀将小南瓜从根蒂处剪下。

用剪刀从根蒂处剪下

步骤

南瓜成熟后，根蒂变成木质，可用剪刀从根蒂处剪下。

POINT 蔬菜小知识

南瓜的功效：

南瓜具有消除致癌物质亚硝胺的防癌等功效，并且它能有效帮助肝、肾功能的恢复，具有很强的增强肝、肾细胞的能力。

扁豆

学名 / 扁豆

别名 / 南扁豆、火镰扁豆

科属 / 豆科

适种地区 / 中国南北方普遍栽种

种植要点

	温度	日照	浇水	施肥	土壤
播种、植苗期	20~25℃	稍遮阴	浇透水	施足基肥	黏土、轻壤土、冲积土等上均可种植
生长、收获期	20~30℃	全日照	适量浇水	2周施肥1次	

档案

扁豆为多年生缠绕藤本植物。表皮呈青绿色或紫黑色，豆荚呈长圆状镰形，扁平，直或稍向背弯曲，顶端有弯曲的尖喙。果实细嫩多汁，味道清甜，是家庭喜爱的蔬菜之一。可加入蒜蓉清炒，味道鲜美爽口。

播种

扁豆播种期在每年的4~5月，适宜发芽的温度在20~25℃。首先选择大小适宜的育苗盆，然后以点播的方式放入3粒种子，每个坑中一粒，最后给种子盖上土，浇水。

扁豆幼苗长出2～3片真叶时进行间苗。将生长较弱的一株剪去，留下两株。
当扁豆幼苗长出4片真叶时进行定植。因为扁豆不适应酸性土壤，所以应事先在土壤中加入适量苦土石灰进行中和。
定植完成后进行培土，防止幼苗倒伏。

步骤

1. 在育苗盆中挖几个深2厘米、直径5厘米的坑。坑间距在20~25厘米。
2. 以点播的方式放入3粒种子，每个坑中一粒。最后盖上土，浇水。
3. 幼苗长出2~3片真叶时，进行间苗。剪去生长最弱的一株。
4. 给幼苗培土，避免幼苗倒伏。

步骤1

步骤2

步骤3　　步骤4

POINT 蔬菜小知识

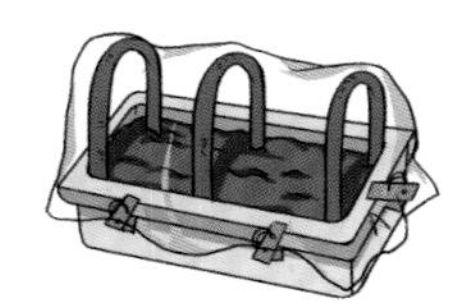

如何有效防鸟？

植物的嫩芽深受鸟类的喜爱。为了保护植物的嫩芽，可以在花盆上罩上纱网，效果不错哦！

生长

扁豆播种3周后，随着扁豆苗的生长，需要立支架。在花盆中每棵植株旁不远处插上一根长30～40厘米的支架。用麻绳以8字形缠绕法将藤蔓引向支架，引导藤蔓伸展。当苗长到20厘米左右时进行追肥，每株追肥10克即可。

步骤1

步骤

1. 给每株苗立一根长30~40厘米的支架。
2. 用麻绳以8字形缠绕法进行引蔓。
3. 苗长至20厘米时，对每株苗追肥10克。每隔两周再追一次肥，每次10克左右。

步骤2

步骤3

POINT 蔬菜小知识

如果扁豆花蕾淋雨，花粉则难形成。所以，扁豆出现花蕾后，在雨天时需要注意避雨。

扁豆播种8周后，花开后15天左右即可收获扁豆。提前将尚不成熟的扁豆摘取食用，味道鲜嫩。如果收获较晚，扁豆则会变硬。在收获期中可每隔两周追肥一次，促使后面的果实成熟。

步骤1

步骤2

步骤

1. 花开后15天左右开始收获。用剪刀将扁豆剪下即可。
2. 每隔两周追一次肥。

POINT 蔬菜小知识

如何保存新鲜扁豆?

可将新鲜扁豆装入塑料袋中，放在通风处保存。也可将扁豆洗净，放入开水中焯一下，冷却后装入塑料袋中，放入冰箱冷藏即可。

预防扁豆中毒小知识：

食用扁豆时一定要把扁豆炒熟煮透，充分加热，彻底破坏扁豆中的毒素。如果出现中毒现象，应立即送医院治疗。

学名 / 咖啡黄葵

别名 / 洋辣椒、羊角豆

科属 / 锦葵科

适种地区 / 中国华中地区广泛栽种

秋葵

种植要点

	温度	日照	浇水	施肥	土壤
播种、植苗期	25～30℃	半遮阴	浇透水	施基肥	以疏松且排水良好的肥沃园土为宜
生长、收获期	20～30℃	半日照	耐旱，忌积水	2周追肥1次	

档案

秋葵是一年生草本植物。果实呈翠绿色，筒状尖塔形，顶端有长喙。因其富含膳食纤维和蛋白质而深受大家的喜爱。秋葵可凉拌、热炒，还可以做沙拉、汤菜，可根据喜好选择烹饪。

播种

秋葵的播种期在4月下旬左右。首先用点播的方式在花盆内放入两三粒种子，盖上土壤并浇水。最后将其放在日照良好的环境中即可。

秋葵植苗适合在5月进行。首先选择健康、长势较好的幼苗，然后在深约20厘米的花盆中填土，并挖一个坑，接着将幼苗放入坑中，盖土、浇水。最后将花盆移至阴凉处放置2～3天即可。

步骤1

步骤2

步骤

1. 选择健康、长势较好的幼苗。
2. 在深约20厘米的花盆中填土，并挖一个坑。将幼苗放入坑中，盖土并浇水。然后，将花盆移至阴凉处放2~3天即可。

从6月下旬开始，秋葵开始开出淡黄色的花。此时开始进行追肥、浇水、摘叶，充分保证养分供给，有利于果实的成长。

步骤1　　步骤2

步骤

1. 花开后，进行追肥，每隔10天追肥一次并浇水。
2. 花朵枯萎后，荚立即长出，开始进行摘叶作业。

秋葵花开后3～4天，荚长至5～6厘米时开始收获，可用剪刀将秋葵从根蒂处剪下。如果不及时收获，秋葵长老了，会造成纤维过多、口感变差，而且影响后面的果实生长。

收获

用剪刀将秋葵剪下

步骤

荚长至5~6厘米后，用剪刀将秋葵从根蒂处剪取。

POINT 蔬菜小知识

秋葵成熟后建议尽早收获。如果收获过晚，会影响果实口感，并影响之后的果实成长。

什么是口红秋葵？

漂亮的口红秋葵与普通秋葵花朵颜色一样，但收获时的果实呈紫红色。煮后仍是绿色，口感相同，而且富含健康的多酚。

学名 / 大豆

别名 / 菜用大豆

科属 / 豆科

适种地区 / 中国南北方普遍栽种

毛豆

种植要点

	温度	日照	浇水	施肥	土壤
播种、植苗期	15～20℃	稍遮阴	浇透水	施基肥	以土层深厚、排水良好、富有钙质的有机土壤为宜
生长、收获期	20～25℃	短日照	充分浇水	适量追肥	

档案

毛豆是一年生草本植物。新结的毛豆呈嫩绿色，豆荚呈长圆形，并且带有细毛。豆子为椭圆形、近球形、卵圆形至长圆形，果实细嫩多汁，味道甘甜，成熟后就是大豆。视品种的不同，有淡绿、黄、褐和黑色等颜色。新鲜毛豆可直接剥壳、洗净后入锅，加入少许调味料炒熟食用，味道鲜美！

播种

毛豆播种期在每年的4～5月份。首先选择健康的毛豆种子，然后在育苗盆中装入土壤，在每个育苗坑中放入3粒种子（种子最好提前在水中浸泡一夜，有利于发芽）。最后，覆盖一层2厘米厚的土壤，补充水分。

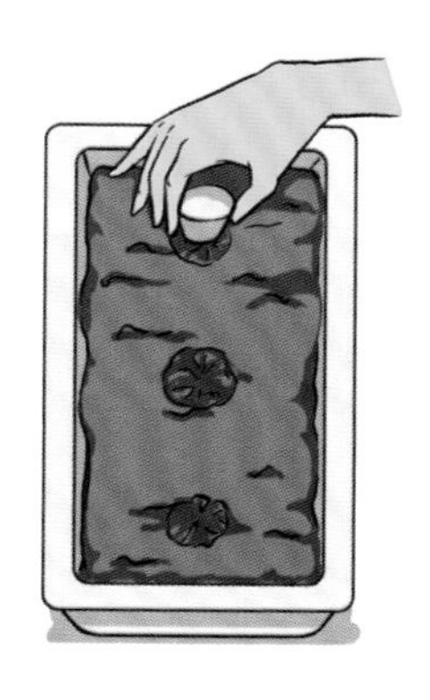
步骤1

步骤2

步骤3

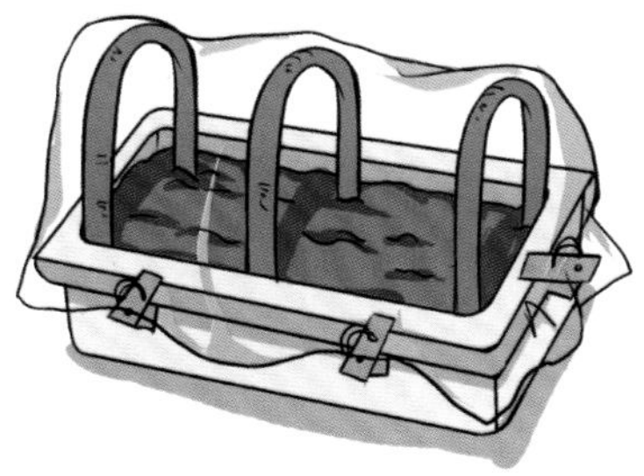
步骤4

步骤

1. 用工具将花盆中的土壤抚平，挖出几个深2厘米、直径5厘米的坑。
2. 在每个坑中放入3粒种子，种子之间不要重叠。
3. 在种子上盖2厘米厚的土壤，适量浇水。
4. 种子发芽后，罩上一层纱网，避免被鸟啄食。

POINT 蔬菜小知识

毛豆、大豆、豆芽是什么关系？

大豆是毛豆成熟干燥后的状态。豆芽则是大豆在温度、湿度等适宜的环境中，长出芽时的状态。

生长

播种1周后就会发芽，当长出2～3片真叶就需要间苗，将长势不佳或形状不佳的去除。间苗后要培土，稳固幼苗的根基。当植株开花后需要追肥，建议使用固态肥料，较为方便，持续追肥直至收获，但要控制追肥量，过多会影响收获。

步骤1

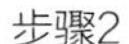

步骤2

步骤3

步骤4

步骤

1. 播种2周后，苗长出2~3片真叶时，剪去每个坑中生长较弱的1株，留下2株。
2. 播种3周后追肥一次，花开后再追肥一次，每株追肥4克。
3. 给植株根部培土，直至植株子叶部分。
4. 植株生长至8周后，每株追肥4克。

POINT 蔬菜小知识

毛豆的浇水方法：

毛豆耐旱怕湿，一般情况下不用浇水。但在毛豆开花、结荚、鼓子期则需要大量浇水。可用洒水壶每周浇水2~3次。

毛豆在播种80天后即可收获，用剪刀从植株底部剪断就行。判断毛豆是否成熟，可用手指捏豆荚，有豆蹦出来即表示已成熟。

步骤1

步骤

1. 用剪刀将毛豆植株从根部剪断即可。
2. 用手捏豆荚，毛豆仁就会蹦出来。

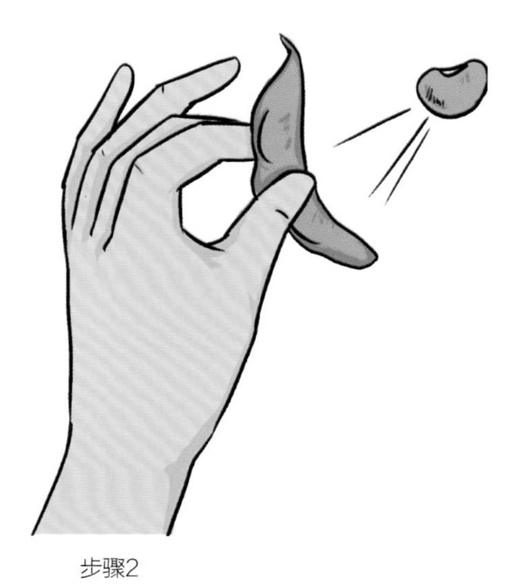

步骤2

POINT 蔬菜小知识

如何将毛豆保存到冬季食用?

将剥好的毛豆仁倒进开水锅里焯一下，捞起来沥水。将沥干水分的毛豆仁用保鲜袋装好，放进冰箱的冷冻层里即可。记得一定是冷冻层哦。

学名 / 萝卜

别名 / 樱桃萝卜

科属 / 十字花科

适种地区 / 中国华东地区广泛栽种

小萝卜

种植要点

	温度	日照	浇水	施肥	土壤
播种、植苗期	20~25℃	稍遮阴	保持湿润	施基肥	以土质松软、深厚的土壤为宜
生长、收获期	5~25℃	长日照	充分浇水	培土追肥	

档案

小萝卜为二年或一年生草本植物。表皮多为红色或白色，肉质为白色。形状多为圆球形或扁圆球形等。皮薄，肉质味甜多汁，脆嫩，可以蘸甜面酱生食，能解油腻、解酒，也可以搭配荤素炒食，味道鲜美，爽口。

小萝卜的播种期在4～5月或9～10月。播种采用条播或者点播，需一边间苗一边培育。小萝卜除了盛夏和严冬都可以种植，若想要长期收获，可以在多个花盆中每隔一周播种一次。

播种

步骤1

步骤2

步骤3

步骤4

步骤

1. 在容器中挖两道深、宽都约为1厘米的沟槽。
2. 在沟槽内每隔1厘米放入一粒种子，注意不要重叠。
3. 覆盖5毫米厚的土壤。
4. 适量浇水，保持土壤湿润。

POINT 蔬菜小知识

种植小萝卜需要注意什么？

小萝卜怕硬土，种植时要求土质松软、土层深厚，所以建议在播种时就选择松软的土壤。

生长

一般播种3～4天就会发芽。发现幼苗拥挤时就要开始间苗。如果是点播的小萝卜，需在长出叶子时进行间苗，每个地方仅留1株，然后通过培土来追肥。

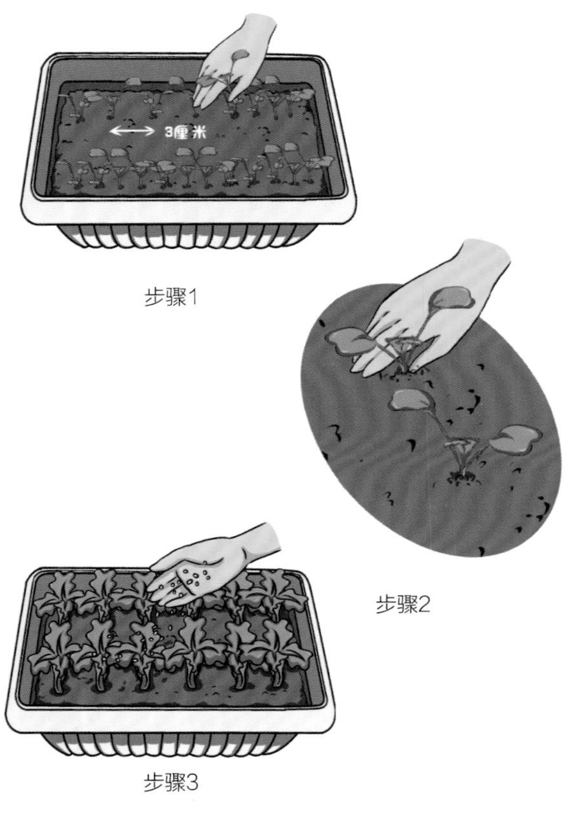

步骤1

步骤2

步骤3

步骤

1. 播种1周后，幼苗长出，开始间苗。将长势较弱的幼苗拔掉，使株间距扩大到3厘米。
2. 往幼苗根部适量培土，大约到子叶下方，可防止幼苗倒伏。
3. 播种2周后，幼苗长出3片真叶，在沟槽间追肥10克。
4. 将肥料与土壤充分混合后培向幼苗根部。

步骤4

POINT 蔬菜小知识

小萝卜对水分的要求：

种植小萝卜时，如果水分不足，易导致萝卜根皮厚、肉硬、辣味增加，影响口感。

播种4周后，小萝卜的直径长到2厘米左右，开始收获。可以用手握住茎叶，直接将萝卜拔出来。

步骤

用手握住茎叶直接拔出萝卜。

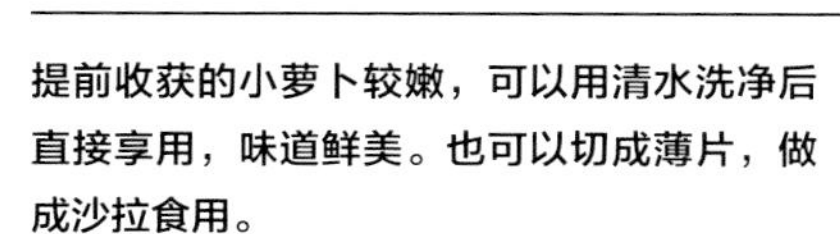

POINT 蔬菜小知识

提前收获的小萝卜较嫩，可以用清水洗净后直接享用，味道鲜美。也可以切成薄片，做成沙拉食用。

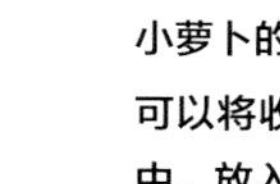

小萝卜的保存方式：

可以将收获的新鲜小萝卜去叶后装进塑料袋中，放入冰箱冷藏。

学名 / 芥菜

别名 / 盖菜

科属 / 十字花科

适种地区 / 中国华南地区广泛栽种

芥菜

种植要点

	温度	日照	浇水	施肥	土壤
播种、植苗期	20～22℃	稍遮阴	浇透水	施基肥	以肥沃、深厚、排水良好的土壤为宜
生长、收获期	15～22℃	长日照	充分浇水	追氮肥为主	

档案

芥菜为一年生草本植物。叶片颜色有绿、深绿、浅绿等。叶面平滑或者褶皱，根、茎、叶均可食用，茎、叶多腌制食用，根部可食用的多为椭圆、卵圆等形状。芥菜茎、叶直接烹炒脆嫩爽口，深受广大群众喜爱。

芥菜的播种期在4月或9月。适合用撒播或条播的方式进行播种，这里以条播为例。播种后需要覆盖一层细土或者草木灰。芥菜对于土壤要求并不严格，所以播种后放在向阳通风的地方即可。

步骤

1. 在花盆土壤中挖两道深1~2厘米的沟槽。
2. 在沟槽内每隔1厘米放入一粒种子，种子之间避免重叠。
3. 用土将沟槽覆盖并适量浇水。

步骤1

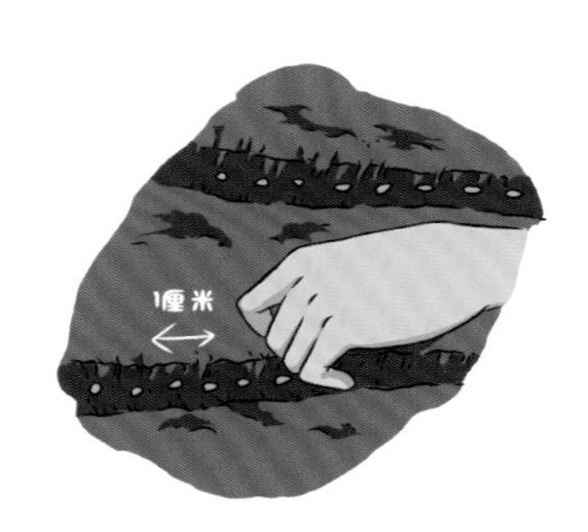

步骤2

步骤3

POINT 蔬菜小知识

经常浇水可促进植物生长。

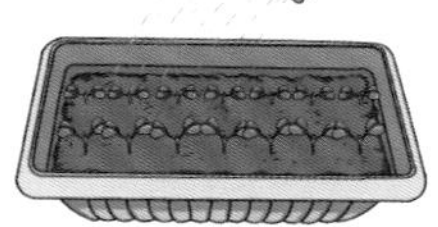

生长

播种1周后，种子就会发芽，此时主要需要保持土壤的湿润。当幼苗长出1～2片真叶时，就需要间苗，除去弱苗、病苗，保证健康幼苗的株距在3～5厘米。

步骤

1. 播种1周后，子叶长出，进行第一次间苗作业。用手将花盆中较弱小的苗拔除。
2. 为了防止留下的苗倒掉，进行培土固根。
3. 播种两周后对幼苗进行第二次间苗，并追肥。真叶长出3片后，将弱小的幼苗拔除，使株间距扩大为6厘米左右。
4. 在沟槽内均匀追肥10克。

步骤1

步骤2

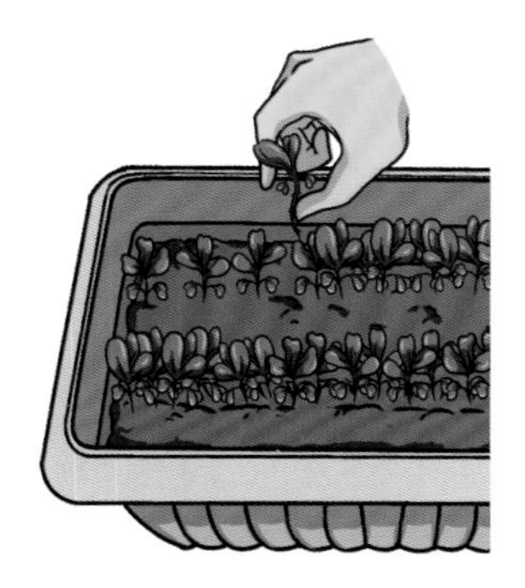

步骤3

步骤4

POINT 蔬菜小知识

芥菜的食疗作用：

芥菜味道辛辣、性温，具有利气温中、明目解毒、开胃消食等作用。

步骤5

步骤6

步骤7

步骤8

步骤

5. 将混合花肥的土壤堆至幼苗根部。
6. 播种4周后，当真叶长到6片时，进行第三次间苗。将长势较弱的幼苗拔除，使株间距扩大到10厘米左右，此时拔除的幼苗可食用。
7. 在沟槽内追肥10克，撒在沟槽内，与土均匀混合。
8. 将混合肥料的土壤堆到芥菜根部，避免根部露出土壤表层。

POINT 蔬菜小知识

如果对幼苗施肥过多，很可能会导致植物只长叶子不长根部。尤其要注意的是不要施过多的氮肥。

收获

播种7周后，根部直径长至5厘米左右，开始进入收获期。此时，可以用手握住菜叶，将根部拔出即可。美味的芥菜就培育成功了！

步骤

芥菜的直径长到5厘米左右后，握住叶子轻轻拔出，或者用剪刀从根部剪下。

POINT 蔬菜小知识

芥菜逐渐成熟时，需要定期浇水，保持土壤湿润度，避免根部出现裂开的情况。

如何保存芥菜?

将芥菜用纸包好并装入塑料袋中，放入冰箱冷藏即可。

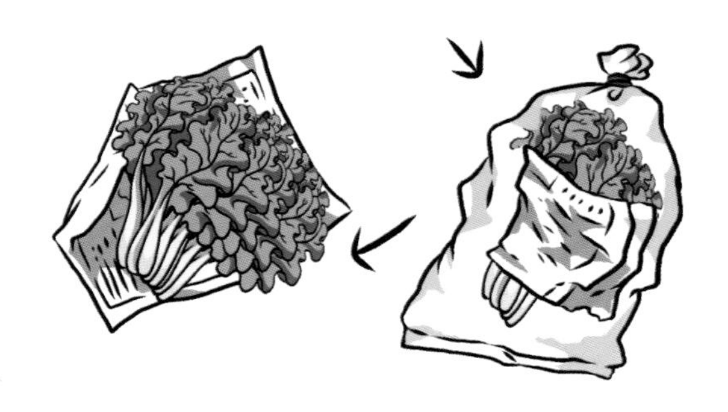

学名 / 茄

别名 / 落苏、紫茄、白茄

科属 / 茄科

适种地区 / 中国南北方普遍栽种

茄子

种植要点

	温度	日照	浇水	施肥	土壤
播种、植苗期	25~30℃	不遮阴	适量浇水	施基肥	以土质肥沃、疏松、排灌方便的沙壤土或壤土为宜
生长、收获期	20~30℃	全日照	忌涝，勤浇水	2周追肥1次	

档案

茄子是一种草本至亚灌木。果实形状有长有圆，颜色有白、红、紫等。鲜嫩的茄子皮薄、子少、肉厚，是老少皆宜的蔬菜之一。肉末茄子是大家非常喜爱的一道家常菜。

播种

播种期在5月，播种时，首先在花盆内装入由小粒红玉土或黑土与花肥混合而成的土，往内放入4~5粒种子，然后覆盖上5毫米左右厚的土，最后适量浇水。

植苗

茄子的植苗期在6月。如果选择用8～10号花盆栽种，每盆仅适合栽种一株茄子苗；如果用花槽，需预留30厘米的株距。取出幼苗时，注意不要破坏根部土球，如果使用的是含基肥的培养土，那么植苗时不需要额外再施肥。

步骤1

步骤2

步骤

1. 选有7~8片真叶、叶面浓绿有光泽、带有花蕾的菜苗。
2. 把土壤放入花盆中并挖一个坑。
3. 将菜苗从育苗盆中取出，轻轻放入花盆内的坑中，填好土壤。
4. 在花盆中立起支架，轻轻绑好，注意不要伤到菜苗根部。
5. 观察土层表面，干燥后立刻浇水，直至花盆底部排水孔有水溢出。

步骤3

步骤4

步骤5

生长

植苗后尽量放在日照良好的地方养护，如果夜间温度降到15℃以下，则需要将花盆搬进走廊或室内，也可以用塑料袋罩住保温，才有利于茄子的生长。

茄子植苗2周后就可进行去侧芽、立支架、追肥等工作。

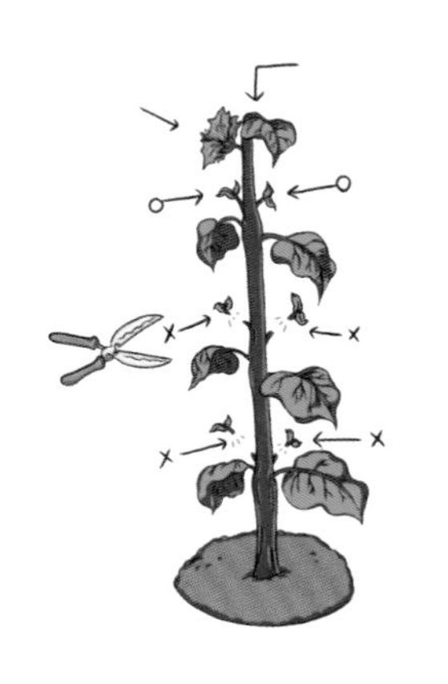

步骤1

步骤2

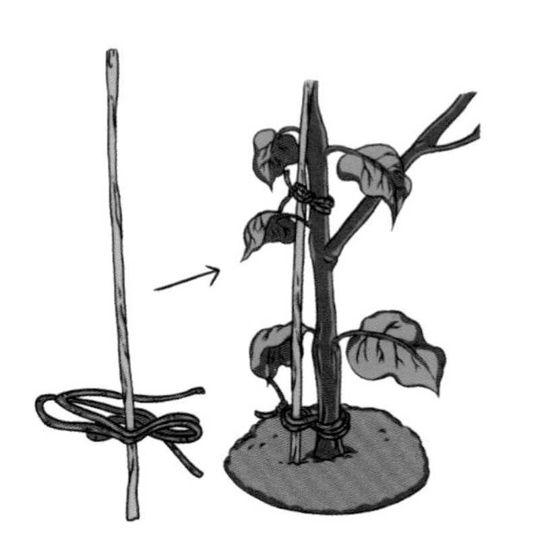

步骤3

步骤4

步骤

1. 菜苗开出第一朵花时，去除花周围的侧芽，只留花下方最近的2个侧芽。
2. 在晴天进行去侧芽作业，用手或剪刀将菜苗叶子根部的侧芽去除。
3. 在菜苗旁不远处插入一根长120厘米左右的支架，用绳子轻轻绑一下。
4. 每隔2周再追肥一次，每次10克左右。

第一批果实早点采摘可以让植株更好地吸收营养。

收获

茄子长到10厘米时即可剪下

步骤

8周后观察茄子，光泽较好、长到10厘米大小的果实，用剪刀从蒂上端剪下即可。

POINT 蔬菜小知识

茄子花的功效：

茄子花多为紫色。据《本草纲目》记载，茄花有治金疮和牙痛的特殊功效。

茄子保存时需要注意什么？

如果想冷冻保存，不可直接将生茄子冷冻，否则易缩水。应先将茄子切成薄片、煎成微焦状，再用保鲜袋装好放入冰箱急速冷冻，一般可保存1个月左右。

• CHAPTER •

炎炎夏日
阳台蔬果满满

学名 / 黄瓜

别名 / 胡瓜、刺瓜、青瓜

科属 / 葫芦科

适种地区 / 中国南北方普遍栽种

黄瓜

种植要点

	温度	日照	浇水	施肥	土壤
播种、植苗期	25~30℃	稍遮阴	浇透水	适量基肥	以富含有机质的肥沃土壤为宜
生长、收获期	10~32℃	短日照	充分浇水	2周追肥1次	

档案

黄瓜是一年生蔓生或攀缘草本植物。表皮颜色翠绿鲜艳，外形呈长圆形或圆柱形。果实皮厚，果肉脆嫩，清香，既可凉拌生食，也可清炒，大多数的人皆可食用。是我国各地夏季主要蔬菜之一。

播种

黄瓜播种时间在4~6月。首先在花盆中装入适量土壤，以点播的方式放入4~5粒种子。然后覆盖上1毫米左右厚的土壤，最后适量浇水。

植苗

播种1个月后即可植苗。植苗的时候注意不要弄坏根球，植苗完毕后充分浇水。如果在花盆中种植2株或2株以上的苗，苗间距应在30厘米以上，保证黄瓜苗的正常生长。

步骤1

步骤2

步骤3

步骤

1. 选择真叶长到三四片时进行定植。
2. 首先取一个30厘米大小的花盆装入适量土壤，并挖一个坑。用手轻轻将植苗从育苗盆中取出，放入花盆的坑中，并用土将坑填平，以稳固根部。
3. 在容器内插入一根支架，用绳将支架和茎轻轻地绑在一起，注意不要伤到根部。

当黄瓜苗叶子生长茂盛，茎蔓开始伸长时，开始搭支架，引导藤蔓生长。然后进行追肥，之后每隔2周追肥一次。结出小黄瓜时撒入10克左右肥，以后每隔2周追肥一次。

步骤1

步骤2

步骤

1. 在花盆内等间距插入3根支架，并将藤蔓轻轻捆绑在支架上，引导藤蔓伸展。
2. 在黄瓜苗根部撒10克左右肥，并与土壤混合，之后可每隔2周追肥一次。

POINT 蔬菜小知识

黄瓜长弯是怎么回事?

黄瓜长弯的主要原因有日照不足、温度和水分管理不当、营养不良等。所以日常维护中应保证充足的日照、合理的肥水，还可通过牙签插蔓等方法预防黄瓜出现弯曲。

4周后，第一批黄瓜长到15厘米时即可收获，提前收获有利于植株健康成长。也可以等黄瓜长到18～20厘米时再收获。如果黄瓜出现弯曲现象，需要查看植株，及时处理。8周后，植株长到与插入的支架差不多高时，在晴天将植株主枝尖剪掉。剪枝可增加黄瓜收获量。

收获

步骤1

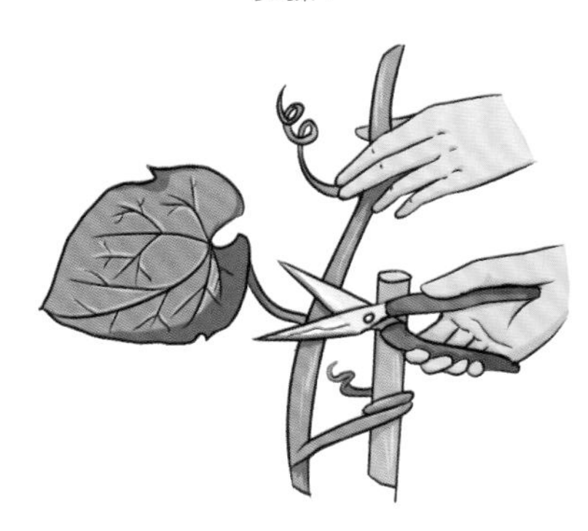

步骤2

步骤3

步骤

1. 第一茬黄瓜长到15厘米时收获，有利于植株更好地生长。往后的黄瓜可在长到18~20厘米时收获。
2. 植株长到和支架一样高时，将主枝尖剪掉，让侧芽生长。剪枝应在晴天进行，以防被雨淋。
3. 侧枝留下1~2片叶子，将其余的全部剪去。

POINT 蔬菜小知识

黄瓜该如何保存？

将黄瓜洗净后，浸泡在稀释好的食盐水中，可保持新鲜不变质。也可将新鲜黄瓜直接装入塑料袋中，放入冰箱冷藏。

学名 / 薯蓣

别名 / 淮山

科属 / 薯蓣科

适种地区 / 中国南北方普遍栽种

山药

种植要点

	温度	日照	浇水	施肥	土壤
播种、植苗期	15～20℃	稍遮阴	浇透水	适量基肥	以疏松、肥沃、土层深厚的壤土为宜
生长、收获期	15～28℃	短日照	见干见湿	喜肥，以有机肥为主	

档案

山药为缠绕草质藤本植物。供人食用的根茎部分呈长圆柱形，表面呈黄白色或淡黄色，内部呈白色。山药味淡，口感黏滑。山药可以搭配荤素食用，味道鲜美、营养价值高，也可以晒干后入药。

播种

山药的播种期在3月。因为种子不易发芽，播种前应先用水浸泡一下。

步骤1

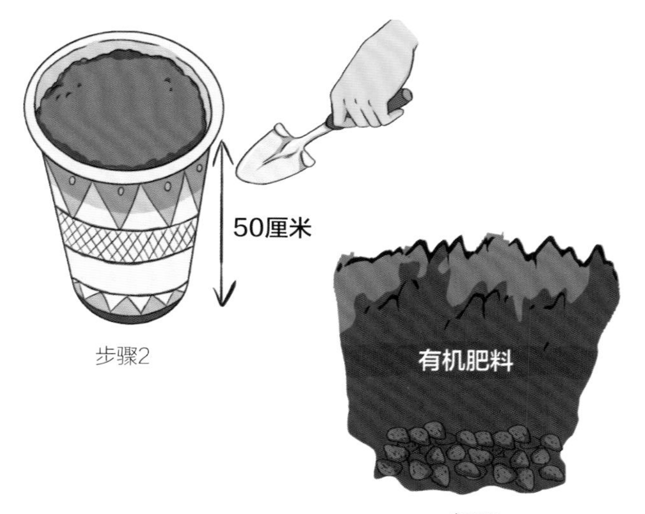

步骤2

步骤3

步骤4

步骤

1. 将健康无损的种子事先用水浸泡5~12小时。
2. 选择深约50厘米的花盆或袋子。
3. 在花盆或袋子底铺入钵底石，上面加培养土至盆、袋深度的一半。中间加入适量有机肥，再撒上一层土。
4. 在花盆、袋子中以8厘米的间距挖几个坑，每个坑中播种3~4粒，盖上土并浇水。摆放在阴凉处。

POINT 蔬菜小知识

山药鲜品炒熟食用对治疗脾胃、肾气亏虚有一定作用。

生长

播种10天左右，种子开始发芽。此时将花盆或袋子移至日照良好的位置，并充分浇水。然后开始间苗、追肥、培土。
幼苗真叶长出3～4片时，进行第二次间苗、追肥，追肥后盖上土。间拔出来的幼苗可以食用，不仅有山药的风味，而且柔软鲜美！

步骤1

步骤2

步骤3

步骤

1. 播种10天左右，种子发芽后，将花盆或袋子移至日照良好的地方，并充分浇水。
2. 拔除只有1片真叶的幼苗，然后追肥、培土。
3. 真叶长出4~5片时第二次间苗，每个坑中只留一株苗，并在植株间挖深约5厘米的坑，用于追肥，追肥后，盖上土。

POINT 蔬菜小知识

每次间出的小苗可以洗净后加入植物油、醋等拌成沙拉食用，味道更鲜美！

收获

叶子长大，露出土壤的根部直径长到约1.5厘米时收获。收获时可用铁锹轻轻挖出，注意不要伤到根部。

步骤1

步骤

露出土壤的山药根部长至1.5厘米直径时开始收获。

POINT 蔬菜小知识

削切山药不手痒的办法：

在削切山药之前，把手放入加醋的水中泡一会儿。

学名 / 紫苏

别名 / 白苏、赤苏、红苏

科属 / 唇形科

适种地区 / 中国南北方普遍栽种

紫苏

种植要点

	温度	日照	浇水	施肥	土壤
播种、植苗期	18~23℃	稍遮阴	适量浇水	施基肥	排水较好的砂质壤土、黏土上均能良好生长
生长、收获期	15~30℃	长日照	见干见湿	以氮肥为主	

档案

紫苏为一年生草本植物。叶片两面为绿色或紫色或仅下面紫色。紫色叶片皱缩卷曲，呈卵圆形且脆弱易碎。气辛香，味微辛辣。嫩叶可以凉拌生食或者做汤，茎叶可以腌制食用。

播种

紫苏的播种期在4月下旬至6月上旬。

步骤1

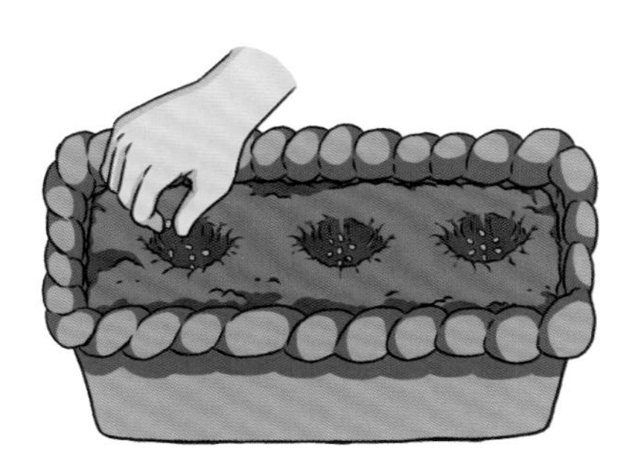

步骤2

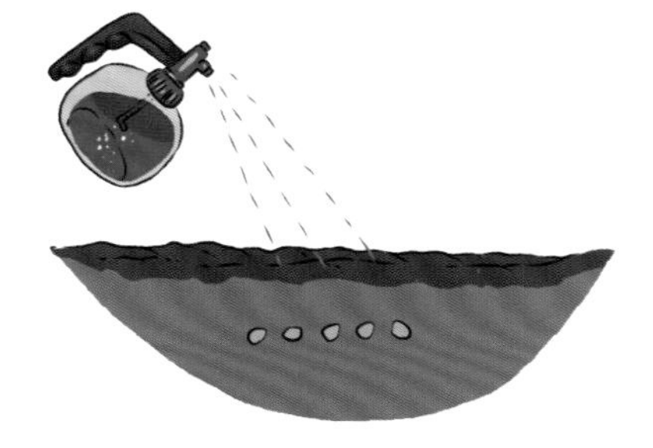

步骤3

步骤

1. 在花槽的土壤中挖小坑，坑间距为15~20厘米。
2. 在每个坑中放入7~8粒种子。
3. 盖上土壤并适量浇水。

POINT 蔬菜小知识

紫苏叶泡水或与姜煮水，趁热饮，可以驱寒，缓解咳嗽。直接将紫苏叶放入热水中泡一泡，用此水来泡脚，也可驱寒。

播种2周后，真叶长出2片左右，开始进行间苗作业。

播种4周后，真叶长出4～5片时，进行第二次间苗作业。在每株幼苗根部追肥10克，之后每隔2周追肥一次。

步骤1

步骤2

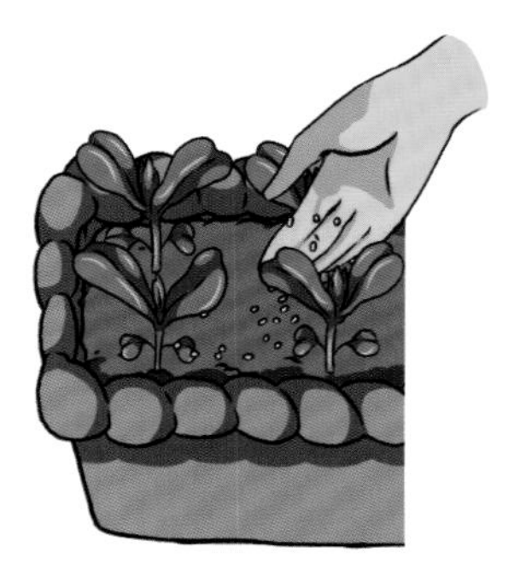

步骤3

步骤

1. 真叶长出2~3片时，进行第一次间苗。将长势较弱的苗拔除。
2. 真叶长出4~5片时，进行第二次间苗。每个坑中只留一株幼苗，其余都拔除。
3. 间苗后在紫苏根部追肥10克。

POINT 蔬菜小知识

将紫苏叶放入加盐的温水中浸泡一下，然后捞出，淋上食用油即可食用。

收获

播种9周后，就可以收获了。也可根据个人喜好晚些日子再收获。

步骤

直接用手将大叶子摘下。

POINT 蔬菜小知识

将摘取的新鲜紫苏叶直接装入保鲜袋中，放入冰箱保鲜层即可。

学名 / 丝瓜

别名 / 胜瓜、菜瓜

科属 / 葫芦科

适种地区 / 中国南北方普遍栽种

丝瓜

种植要点

	温度	日照	浇水	施肥	土壤
播种、植苗期	25~28℃	短日照	浇透水	施基肥	对土壤要求不严，在各类土壤中都能栽培
生长、收获期	20~30℃	短日照	充分浇水	2周施肥1次	

档案

丝瓜为一年生攀援藤本植物，茎、枝粗糙，单叶互生，叶片呈三角形或近圆形，边缘有波状浅齿，总状花序腋生，果实呈短圆柱形或长棒形，种子呈椭圆形。

播种

丝瓜是喜温耐热的蔬菜，不耐寒，种子发芽适宜温度为25～28℃，生长适宜温度为20～30℃。

若用花盆栽种，应选择口径30厘米、盆高25厘米以上的烧陶花盆或大型花槽。

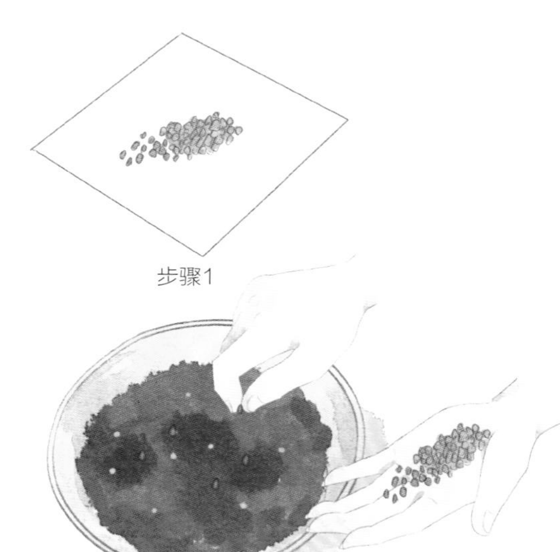

步骤1

步骤2

步骤3

步骤4

步骤

1. 选择饱满无虫害、病害的丝瓜种子。
2. 将种子均匀播种在培养土上，每处放2~3颗种子，保证丝瓜成果率。
3. 播种后浇水，再覆盖一层培养土，厚度以1~2厘米为宜。
4. 轻轻用手压实即可。

POINT 蔬菜小知识

丝瓜水有什么好处?

丝瓜汁有“美容水”之誉。对于很多女性朋友们来说，丝瓜汁搽脸能使皮肤光滑、细腻，还有抗皱消炎和预防、消除黑色素等神奇功效。

当植株长出8～10片叶子时，摘除茎部顶端的嫩芽。摘心后植株会生长出大量的腋芽，叶子根部生出的枝叶会渐渐长大，之后将藤蔓引到支架上。这个时候开始就要进行施肥了，每月施2次有机肥。

立支架

藤蔓缠绕在支架上

步骤

将幼苗轻轻地移栽到花盆的正中央位置，因为丝瓜属于攀援藤本植物，所以需要立支架。
准备3~4根1~2米高的支架，在花盆边缘等距离位置插入土壤中，用绳子固定于植株的上方，做成一个圆锥形支架。
充分浇水，放在阴凉通风处培育。

POINT 蔬菜小知识

丝瓜要注意预防瓜链格孢黑斑病和白斑病。预防瓜链格孢黑斑病可选用无病种瓜留种，增施有机肥，提高植株抵抗力。预防白斑病，可选择无病种子，播种前用55℃温水浸泡20分钟，喷施多霉威可湿性粉剂或苯菌灵可湿性粉剂10天1次，连续喷2~3次效果很好。

生长

7月左右，植株开花。丝瓜的蜜腺发达，会吸引很多虫蝶，所以不需要进行人工授粉。果实从雌花的根部长出，花朵凋谢后，果实开始膨胀，记得不要忘记追肥。

收获

丝瓜在7月底到8月进入成熟期，就可以收获了。用剪刀剪下果实后记得追肥，还能继续收获丝瓜。

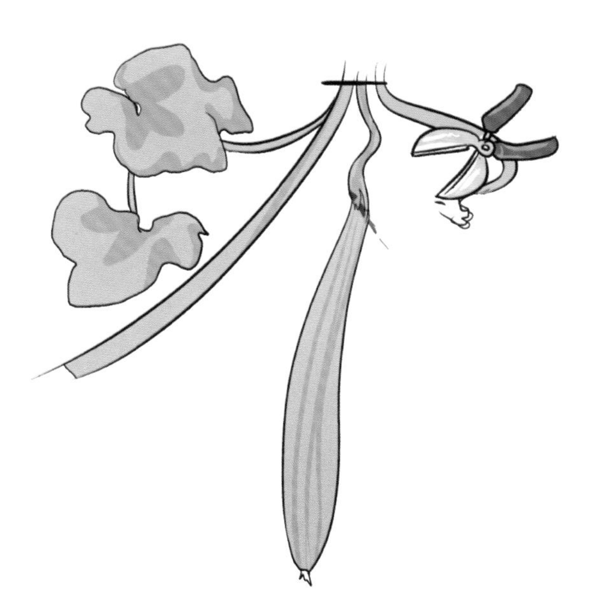

POINT 蔬菜小知识

最佳果实：丝瓜长到15~17厘米时收获最佳。丝瓜要趁早收获，一旦过了最佳收获期，瓜里面种子会慢慢增多，瓜会慢慢变硬。

学名 / 胡萝卜

别名 / 红萝卜、黄萝卜

科属 / 伞形科

适种地区 / 中国南北方普遍栽种

胡萝卜

种植要点

	温度	日照	浇水	施肥	土壤
播种、植苗期	20～25℃	稍遮阴	保持湿润	施足基肥	土层深厚、肥沃、富含腐殖质且排水良好的砂质土壤
生长、收获期	13～25℃	长日照	见干见湿	适时追肥	

档案

胡萝卜为二年生草本植物。供人食用的根的颜色有紫红、橘红、粉红、黄等，一般为圆柱、扁圆状。胡萝卜肉厚、质嫩、味甜，维生素含量高，是大家喜爱的一种蔬菜。胡萝卜既可生食，也可搭配牛肉等炖煮后食用。

播种

胡萝卜的播种期在3～5月或7月下旬至8月间。

步骤1

步骤2

步骤3

步骤

1. 在花盆中挖两道深和宽各约1厘米的小沟槽。两沟槽间距为10厘米左右。
2. 在沟槽内每隔1厘米放入一粒种子。
3. 盖上土壤并浇水。注意在发芽前保持土壤湿润。

POINT 蔬菜小知识

胡萝卜发芽和幼苗期间，因为正值早春低温，如果不是特别干旱，一般不浇水。

播种2周后，幼苗真叶长出，将长势较弱的幼苗拔除。间苗后，幼苗间距扩大至5～6厘米。然后在沟槽内追肥10克，与土混合。最后适量培土，防止幼苗倒塌。

5周后，进行第二次间苗、追肥作业。此时幼苗真叶长至3～4片，再次间苗。然后在沟槽间追肥10克，与土充分混合。最后适量培土，防止幼苗倒塌。

步骤1

步骤

1. 真叶长出后，将长势较弱的幼苗拔除。
2. 间苗后，幼苗间距扩大为5~6厘米。
3. 在沟槽间追肥10克，与土混合。

步骤2

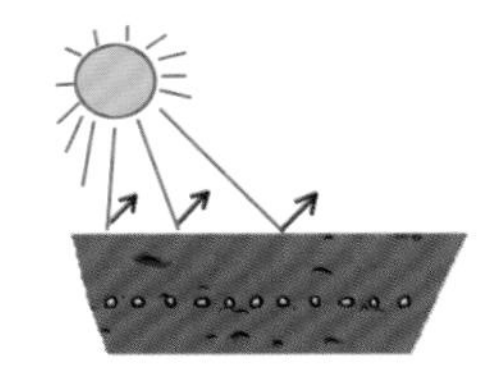

步骤3

POINT 蔬菜小知识

胡萝卜的日照要求：

如果生长期间日照不足，植物叶柄会徒长，叶片会变小、枯黄，肉质根会变小。所以一定要保证日照充足。

步骤4

步骤5

步骤6

步骤

4. 适量培土，防止幼苗倒塌。
5. 真叶长出3~4片时，进行第二次间苗。
6. 在沟槽间追肥10克，与土混合。
7. 适量培土，防止幼苗倒塌。

步骤7

POINT 蔬菜小知识

胡萝卜的好处：

生活中多吃些胡萝卜，可补充胡萝卜素，有益眼睛，还有一定的防癌作用。

10周后，胡萝卜直径长到1.5～2厘米，就到了收获期。

步骤

胡萝卜的直径长到1.5~2厘米时即可收获。用手握住茎叶直接拔出即可。

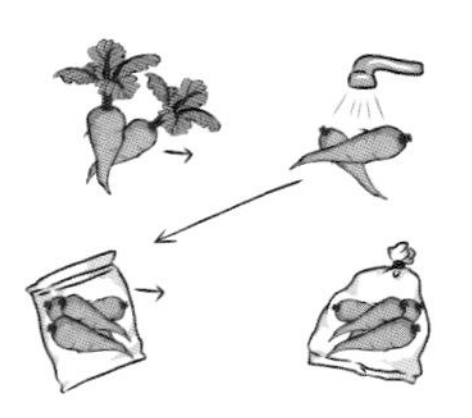

POINT 蔬菜小知识

如何保存胡萝卜？

可将新鲜的胡萝卜去叶后装入塑料袋中，放入冰箱冷藏保存。注意远离苹果、梨等会释放乙烯的水果。

学名 / 萝卜

别名 / 芦菔

科属 / 十字花科

适种地区 / 中国南北方普遍栽种

白萝卜

种植要点

	温度	日照	浇水	施肥	土壤
播种、植苗期	2~3℃	不遮阴	浇透水	施基肥	以土质疏松、保水保肥性能良好的沙壤土为宜
生长、收获期	20~25℃	长日照	见干见湿	追肥以钾肥为主	

档案

萝卜为一年或二年生草本植物。供人食用的根其皮一般为绿色、白色等，呈长圆柱形、球形或圆锥形。皮薄、肉嫩、多汁，味略带辛辣。白萝卜在民间有“小人参”之称。可以凉拌生食，也可以与肉类一起炖汤。

白萝卜的播种期在4月或7月下旬至8月上旬之间。

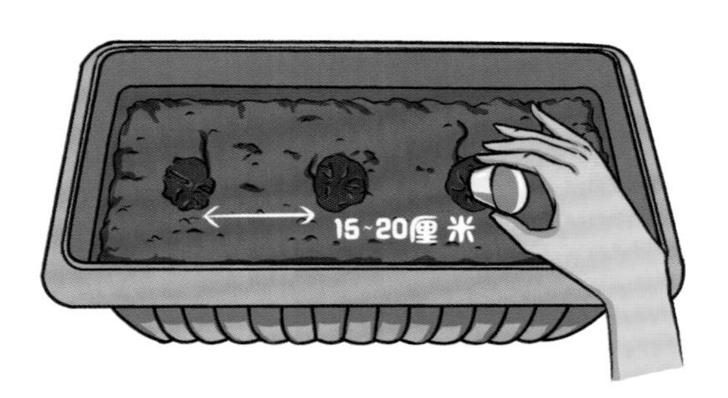

步骤1

步骤2

步骤3

步骤

1. 在较深的容器中开几个间距为15~20厘米的坑，坑深约2厘米、宽约5厘米。
2. 每坑中放入5粒种子，注意种子之间不要重叠。
3. 盖上土壤并浇水，种子发芽前注意保持土壤湿润。

POINT 蔬菜小知识

白萝卜根部为什么分叉？

白萝卜根部分叉主要是因为当初种植的土壤中有石头等硬物阻碍了生长。要避免白萝卜分叉，可选择松软、无硬物的土壤进行种植。

播种2周后，真叶长出时，进行第一次间苗。然后给幼苗根部适当培土，防止幼苗倒塌。

播种3周后，真叶长出3～4片时，进行第二次间苗和第一次追肥作业。最后适量培土，防止幼苗倒塌。

播种5周后，真叶长出5～6片时，进行第三次间苗和第二次追肥。间苗后，每个坑中留下一株。然后追肥10克，与土充分混合。最后适量培土，防止幼苗倒塌。

步骤1

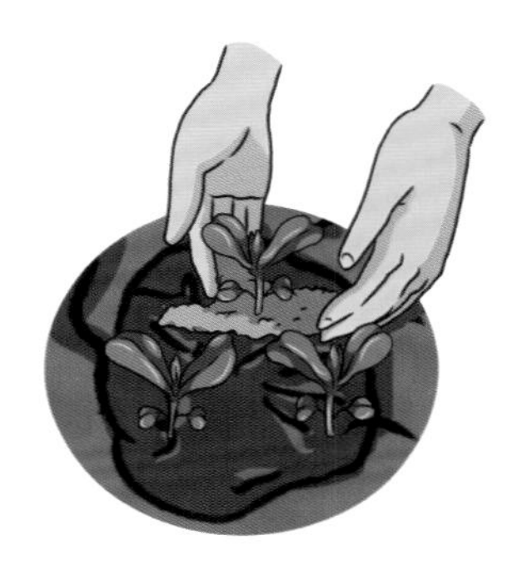

步骤2

步骤3

步骤4

步骤5

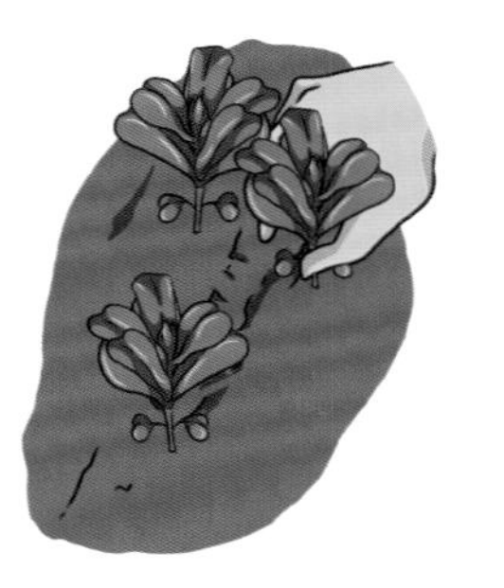

步骤6

步骤

1. 真叶长出时，将长势较弱的苗去除。
2. 适量培土，防止幼苗倒塌。
3. 真叶长出3~4片时，第二次间苗，每个坑中留下1~2株苗。
4. 追肥10克，与土充分混合。
5. 适量培土，防止幼苗倒塌。
6. 真叶长出5~6片时，进行第三次间苗。每个坑中留下1株苗。

POINT 蔬菜小知识

每次间出的小萝卜苗可以洗净后加入植物油、醋等拌成沙拉食用，味道鲜美！

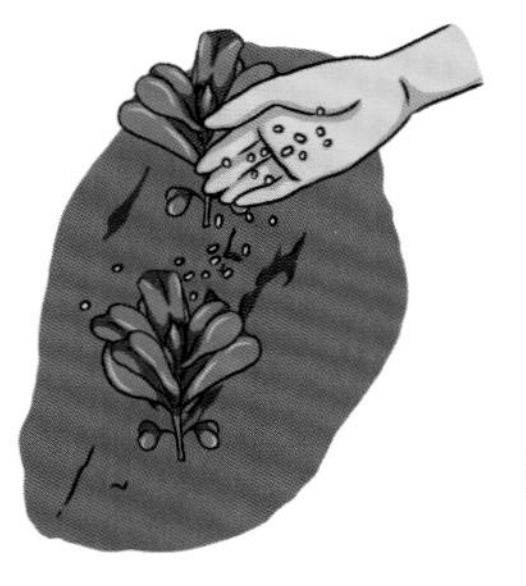

步骤7

步骤8

步骤

7. 追肥10克，撒在植物根部，与土混合。
8. 适量培土，防止植株倒塌。

播种8周后，迎来白萝卜的收获期。此时白萝卜根部直径长到5～6厘米，可以用手握住叶子，慢慢拔出即可。

握住叶子慢慢拔出白萝卜

步骤

白萝卜直径长到5~6厘米，就可收获。用手握住叶子慢慢拔出。

POINT 蔬菜小知识

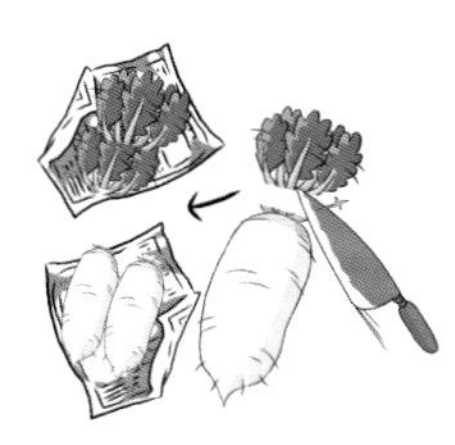

白萝卜的保存方式：

将白萝卜去叶后用纸包好或装入塑料袋中，放入冰箱冷藏即可。

学名 / 青梗菜

别名 / 小棠菜、三叶青

科属 / 十字花科

适种地区 / 中国南北方普遍栽种

青梗菜

种植要点

	温度	日照	浇水	施肥	土壤
播种、植苗期	20~25℃	不遮阴	保持湿润	施足基肥	疏松、肥沃的土壤均可种植
生长、收获期	15~22℃	长日照	勤浇水	及时追肥	

档案

青梗菜为一年生草本植物。叶片为绿色，呈卵圆形且宽厚。菜帮为绿白色。口感与小白菜一样，清香可口。可以炒食，也可以煮汤。

播种

青梗菜的播种期在4～10月。

步骤1

步骤2

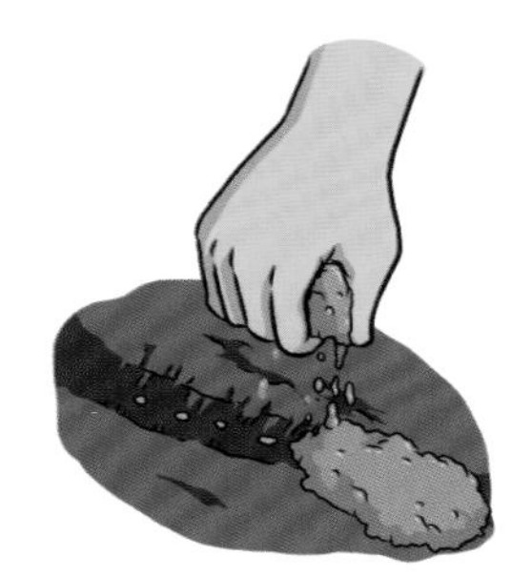

步骤3

步骤4

步骤

1. 在花盆的土层表面挖出深与宽都约1厘米的沟槽，沟槽间距为10厘米左右。
2. 在沟槽内每隔1厘米放入一粒种子，注意种子不要重叠。
3. 取适量土轻轻撒在种子上。
4. 适量浇水，种子发芽前注意保持土壤湿润。

POINT 蔬菜小知识

青梗菜的抗寒、抗暑性都很强，除了冬季较冷的时节，其他大部分时间都可栽种。

由于青梗菜不耐旱，因此要勤浇水。青梗菜容易发生虫害，要格外注意。而且青梗菜的生长速度快，要及时收获，以免错过最佳的收获时机。

播种1周后，苗几乎长出，开始进行第一次间苗，使苗间距扩大为3厘米。

播种2周后，幼苗真叶长出3～4片，进行第二次间苗。然后追肥并培土。

播种4周后，幼苗根部逐渐变粗壮，进行第三次间苗。

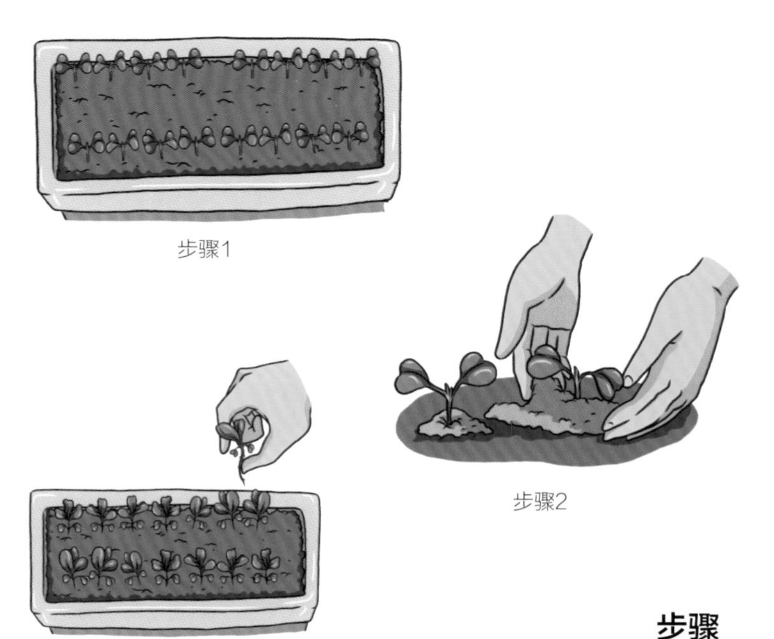

步骤1

步骤2

步骤3

步骤4

步骤

1. 苗几乎长出，进行第一次间苗，使苗间距扩大为3厘米。
2. 对留下的苗进行培土，防止倒塌。
3. 真叶长出3~4片时，进行第二次间苗，使株间距扩大为5~6厘米。
4. 在沟槽间追肥10克，与土充分混合。

步骤5　　步骤6

步骤

5. 将混合肥料的土培向青梗菜根部，防止倒伏。
6. 青梗菜根部逐渐粗壮时进行第三次间苗，使株间距扩大为15厘米左右。然后在沟槽间追肥10克，并与土充分混合。最后将混合肥料的土培向青梗菜根部，防止倒伏。

播种6周后，青梗菜长至15厘米左右高时，可开始收获。

步骤

用剪刀从青梗菜底部剪断即可收获。

POINT 蔬菜小知识

如何保存青梗菜？

将新鲜的青梗菜装入塑料袋中，然后放入冰箱冷藏保存。叶片沾水后易腐烂，所以保存的部分不要清洗。

· C H A P T E R ·

金秋
阳台菜园锦上添花

香葱

学名 / 香葱

别名 / 火葱、细香葱

科属 / 石蒜科

适种地区 / 中国南方地区广泛栽种

种植要点

	温度	日照	浇水	施肥	土壤
播种、植苗期	15～25℃	稍遮阴	保持湿润	施足基肥	疏松、肥沃、排水和浇水都方便的壤土为宜
生长、收获期	13～25℃	半日照	充分浇水	2周追肥1次	

档案

香葱为多年生草本植物。鳞茎外皮呈红褐色、紫红色等颜色。叶子是中空的圆筒状，且向顶端逐渐变得尖细，呈深绿色，表面附着白色粉末。口感柔嫩，味辛香，微辣，是厨房中常见的调料之一。

播种

香葱一般在4～5月和9～10月两个时期种植。香葱喜凉爽环境，耐寒性和耐热性均较强，发芽的环境温度在15～25℃。在种子发芽前需要保持土壤湿润，及时浇水。

步骤1

步骤

1. 选择健康、完整、无伤痕及病虫害的种球进行种植。
2. 在花槽土层中，按照25厘米左右的间距，挖出几个深3~5厘米的坑，在每个坑中放入2~3个种球，让种球芽朝上。
3. 盖上土，浇足水，在阴凉处放2~3天。

步骤2

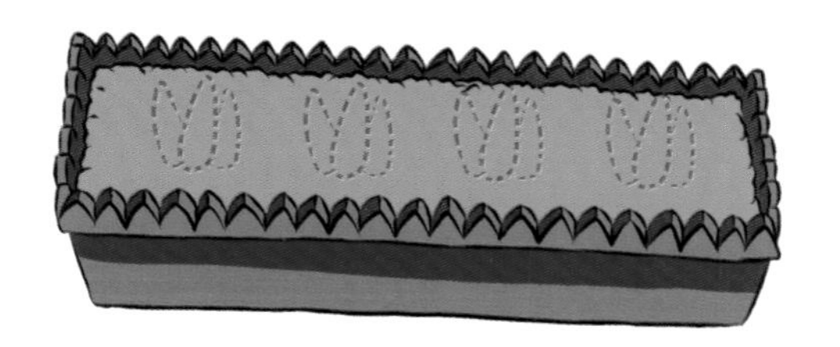

步骤3

POINT 蔬菜小知识

香葱可凉拌生食，也可在烹煮其他菜时放入菜中去腥提香。

播种2～3周后，种子开始发芽。当植株长到5～6厘米时，就需要通过培土来追肥。按照标准用量，在土里预先加入粒状肥料，向株间和根部补充培养土，后续定期追肥，直到收获。

生长

步骤1

步骤2

步骤3

步骤

1. 给幼苗浇水。
2. 在根部培土，使幼苗更稳固。
3. 每隔2周追液肥一次，并浇水。

POINT 蔬菜小知识

香葱中含有大蒜素，具有抗病毒的作用，所以在日常生活中可适量经常食用。

收获

第二年的春天来临，香葱长至30厘米高时就可收获。然后进行追肥、培土，以利后期生长。坚持追肥、培土，可连续收获2～3年。

步骤1

步骤

1. 香葱长至30厘米高时，用剪刀直接从香葱根部距土壤面5厘米高的地方剪断。
2. 收获后进行追肥、培土，以利后期生长。

步骤2

生菜

学名 / 生菜

别名 / 玻璃菜

科属 / 菊科

适种地区 / 中国南北方普遍栽种

种植要点

	温度	日照	浇水	施肥	土壤
播种、植苗期	18～22℃	适量日照	浇透水	不施肥	宜选用保水、保肥性好的肥沃的沙质土壤
生长、收获期	15～20℃	半日照	充分浇水	适量追肥	

档案

生菜为一年生或二年生草本植物，主要分为球形团叶包心生菜和叶片呈褶皱状的奶油生菜两种。生菜叶片薄，有青、白、紫等几种颜色，色泽鲜艳，质地鲜嫩。即可制作成蔬菜沙拉生食，也可加入蒜蓉等炒食。

植苗

生菜适合用撒播或条播形式播种，发芽需要日照，所以播种后不需要盖土。生菜播种成活率高，所以可以不用施肥。生菜的植苗期在4月下旬至5月或9月下旬至10月上旬。

步骤1

步骤2

步骤

1. 选择色泽鲜艳、长势好的幼苗。
2. 在花盆中装入土并挖小坑（尽量浅一小点），以20厘米的株间距种植。
3. 手压住幼苗底部，从育苗盆中取出幼苗放入花盆里的坑中，培土并浇水即可。

步骤3

POINT 蔬菜小知识

日照时间长会导致生菜顶端开花，茎疯长，叶片变硬。所以到夜晚应将生菜移至光照不到的地方。

植苗2周后，在生菜根部追肥。

追肥

步骤

在生菜根部追肥10克，与土混合。

植苗4周后，生菜长到约25厘米高时可开始收获。用剪刀从外叶开始剪取。

步骤1

步骤2

步骤

1. 用剪刀适当剪取要吃的部分。
2. 也可以用剪刀直接从接近土壤的根部整株剪断。

POINT 蔬菜小知识

如何让生菜更可口?

无论是炒还是煮，时间不宜过长，以最大限度保持生菜脆嫩的口感。食用生菜时，建议用手撕成片，吃起来会比较脆。

学名 / 菠菜

别名 / 波斯草、菠薐、角菜

科属 / 苋科

适种地区 / 中国南北方普遍栽种

菠菜

种植要点

	温度	日照	浇水	施肥	土壤
播种、植苗期	15~20℃	稍遮阴	适量浇水	施基肥	以保水、保肥力强的肥沃土壤为宜
生长、收获期	15~20℃	长日照	保持稍干燥	适量追肥	

档案

菠菜为二年生或一年生草本植物。根呈圆锥状，带红色，较少为白色。叶片呈卵形，碧绿色，且肥大。既可以炒熟食用，也可煮烫后食用。入口柔嫩多汁，清新爽口。

菠菜的播种期在3～4月或9～10月。播种前需要用清水将种子浸泡一夜。种子发芽前注意保持土壤的湿润度。

播种

步骤1

步骤2

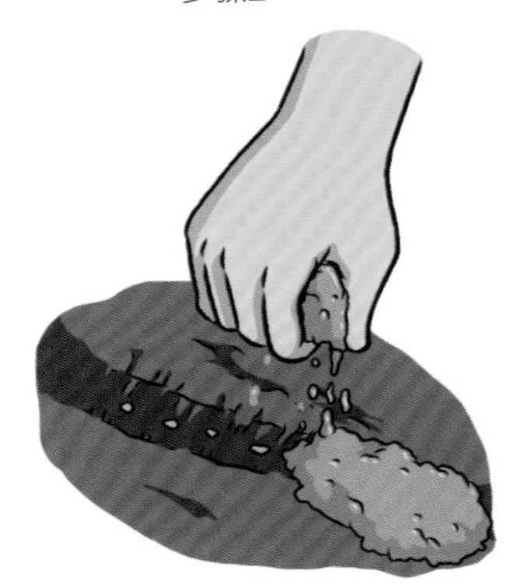

步骤3

步骤

1. 在花盆的土层中挖出两道深和宽都约为1厘米的沟槽。槽间距为10~15厘米。
2. 在沟槽内每隔1厘米放入一粒种子，相互之间不重叠。
3. 盖上一层土并适量浇水。

POINT 蔬菜小知识

播种技巧：

在播种之前要先将聚集在一起的菠菜种子搓散，除去种子上的刺，然后用清水将种子浸泡一夜。这样有利于种子更快地发芽，且出苗整齐。

生长

播种1周后，子叶长出时，间苗，然后适量培土。

播种2周后，进行第一次追肥。将混合肥料的土壤培向幼苗根部即可。

播种3周后，植株长至10厘米，进行第二次追肥。在沟槽间追肥10克，与土充分混合，将混合肥料的土壤培向植株根部即可。

步骤1

步骤2

步骤3

步骤

1. 子叶长出后，将长势较弱的幼苗间去，使株间距扩大为3厘米左右。
2. 对幼苗根部进行适量培土，防止幼苗倒伏。
3. 真叶长出2片时，在沟槽间追肥10克，并与土混合。

POINT 蔬菜小知识

蔬菜抽薹较早怎么办？

蔬菜抽薹较早可能是日照时间过长造成的。所以在夜间应将蔬菜移至暗处，避免光照。

步骤4

步骤5

步骤6

步骤

4. 将混合肥料的土培向菠菜根部。
5. 菠菜长至10厘米时，在沟槽间追肥10克，与土混合。
6. 将混合肥料的土培向菠菜根部。

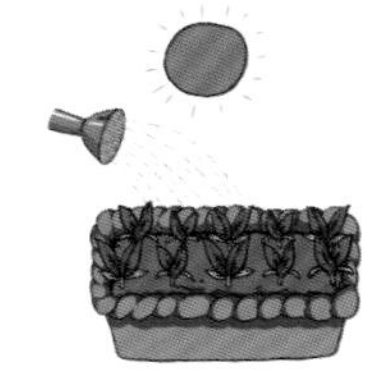

POINT 蔬菜小知识

如何正确掌握浇水时机？

菠菜发芽前应适量浇水，保持土壤湿润；发芽后少浇水，保持土壤稍干燥，保证早晨浇的水到傍晚能干。否则，菠菜苗易得霜霉病。

收获

菠菜长至20～25厘米高时就可以收获了。

从菠菜底部剪断

步骤

用剪刀从菠菜底部剪断即可。

POINT 蔬菜小知识

菠菜含较多草酸，不利于人体对钙质的吸收。所以吃菠菜时应先用沸水焯一下，然后再拌、炒等。

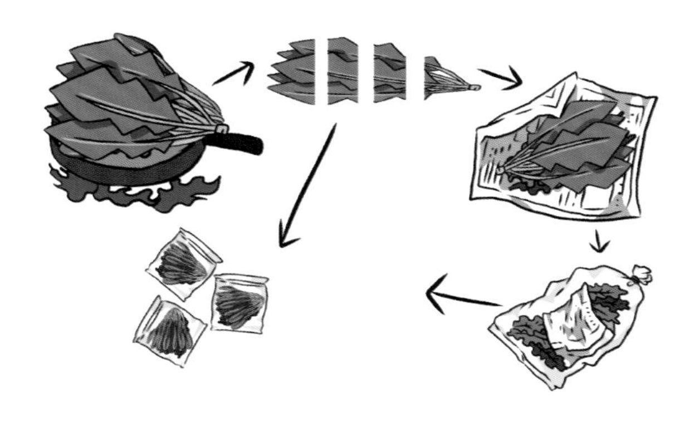

菠菜的储存方式：

可将新鲜菠菜洗净略煮，冷却后切段，装入塑料袋中，放入冰箱冷藏即可。也可以直接将菠菜用纸包好后装入塑料袋中，放入冰箱冷藏。

学名 / 芝麻菜

别名 / 芸芥、臭芥、德国芥菜

科属 / 十字花科

适种地区 / 中国主要栽种于北方地区

芝麻菜

种植要点

	温度	日照	浇水	施肥	土壤
播种、植苗期	15~20℃	稍遮阴	浇透水	施基肥	疏松、肥沃的土壤均可种植
生长、收获期	10~20℃	半日照	保持湿润	追肥以复合肥为主	

档案

芝麻菜为一年生草本植物。叶片呈翠绿色，茎呈白绿色。叶片的形状多为圆形或卵形,并带有细齿。叶片较薄，入口柔软，带有淡淡的芝麻味。既可加入沙拉中生食，也可炒食。

播种

芝麻菜的播种期在4~5月或9~10月。

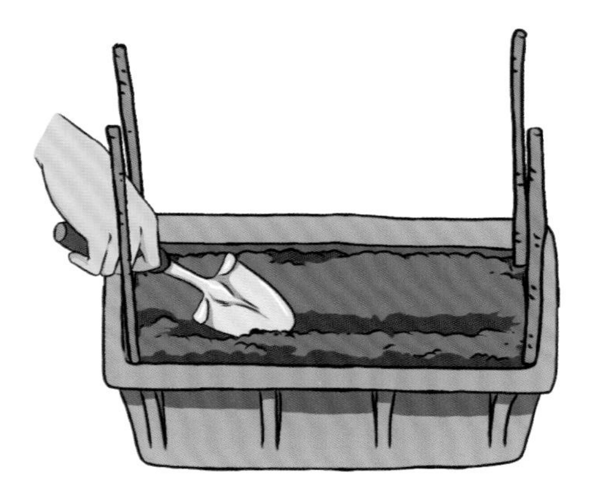

步骤1

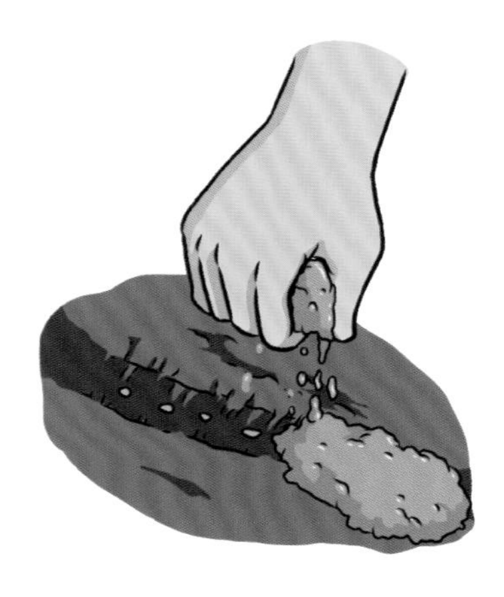

步骤2

步骤3

步骤4

步骤

1. 在花盆土层上用木棍或手指挖两道深约5厘米的沟槽。
2. 将种子以条播的方式均匀撒入槽内，注意种子不要过密。播种后盖上一层薄薄的土壤。将花盆放置于阴凉处直至发芽。
3. 如果此时的温度比种子发芽所需的温度低，可用塑料薄膜将花盆盖上，并放置在日照充足的地方。
4. 每日查看土壤湿度，出现干燥现象立即补水。

种子发芽后将盆栽移至日照优良处。反复进行间苗作业，直至幼苗长成大株。

步骤1

步骤2

步骤3

步骤

1. 用镊子或手指将生长过密且长势较弱的幼苗间去，将根茎粗壮的幼苗留下。
2. 经常查看芝麻菜生长状态，如果发现有根茎冒出土层，需要及时培土，然后追肥，可每周追肥一次。
3. 如果有害虫入侵，用餐巾纸直接捉住或用喷壶喷水冲走即可。

收获

芝麻菜很容易栽种，可以一边间苗一边收获。

从芝麻菜底部剪断

步骤

用剪刀从芝麻菜底部剪断即可收获。

POINT 蔬菜小知识

如何挑选芝麻菜?

购买芝麻菜时应选择健壮、叶子翠绿的。

凉拌芝麻菜：

芝麻菜洗净、红椒切丝、蒜切末备用。将盐、鸡精、花椒油、香油、醋调成汁倒入芝麻菜中，撒上红椒丝、蒜末即可。

学名 / 韭

别名 / 久菜

科属 / 石蒜科

适种地区 / 中国南北方普遍栽种

韭菜

种植要点

	温度	日照	浇水	施肥	土壤
播种、植苗期	12~20℃	稍遮阴	浇透水	施基肥	疏松、肥沃的土壤均可种植
生长、收获期	15~25℃	半日照	保持湿润	及时追肥	

档案

韭菜为多年生宿根草本植物。叶片为淡绿色，条形，扁平实心，上端弯曲下垂。入口柔软，且香味浓，略带辛辣味。韭菜既可以炒食，也可凉拌或做配料、和馅等。

播种

韭菜的播种期在3～4月或9月份。将种子浸泡约24小时后再播种有利于出苗，播种的土壤需要用水浇透。在韭菜发芽前需要保持种子湿润，如果气温较低，可以用塑料保鲜膜覆盖在盆上，有利于种子发芽。

步骤1

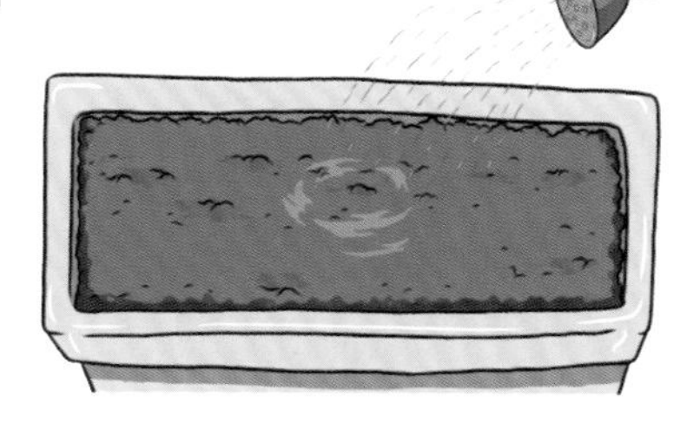

步骤2

步骤3

步骤

1. 选择健康、完整、饱满的种子。
2. 在花槽内装入土壤并浇水。
3. 在土层表面挖出1厘米深的沟槽，每隔1厘米放入一粒种子。
4. 盖上一层薄土并浇水，在阴凉处放置2~3天。

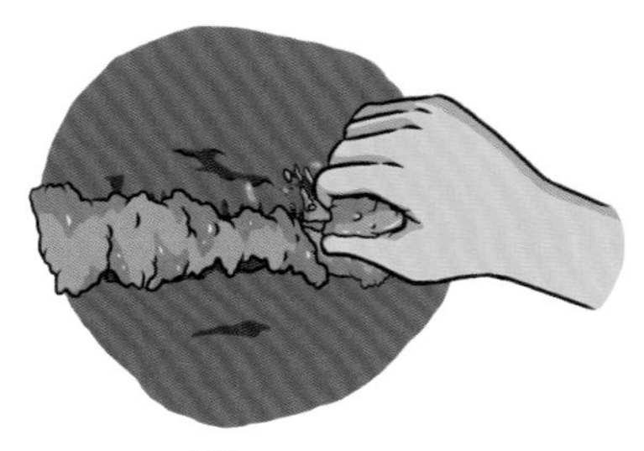

步骤4

播种10天后，种子开始发芽。间苗并追肥。注意每次收割后都要进行一次追肥，保证有足够养分供后面继续生长。

步骤1

步骤2

步骤

1. 用手将长势较弱且混乱的幼苗间去，扩大幼苗的间距。
2. 在距离根部较远处进行追肥，与土混合。

收获

非菜生长至20厘米左右时即可收获。注意留下一定的高度，有利于韭菜后期的生长。收获后注意追肥和培土。
按照收获、追肥、培土的原则操作，可持续收获多年。
秋季，韭菜长出白色小花，开花后将逐渐变弱。所以应该尽早将花茎摘除，以利韭菜继续生长。

步骤1

步骤

1. 植株生长至20厘米高时，即可收获。用剪刀直接剪取需要的部分即可。
2. 根部留下一段高度，然后追肥、培土，继续生长。

步骤2

POINT 蔬菜小知识

韭菜炒鸡蛋：

韭菜洗净、切段，鸡蛋打散备用。锅内放少许油，油热后加入鸡蛋翻炒。鸡蛋凝固后，放入韭菜段翻炒，至韭菜软塌，加盐调味即可出锅。

学名 / 青菜

别名 / 小油菜

科属 / 十字花科

适种地区 / 中国南北方普遍栽种，尤以长江流域为主

小白菜

种植要点

	温度	日照	浇水	施肥	土壤
播种、植苗期	20～25℃	阴凉处	浇透水	不施肥	疏松、肥沃的土壤均可种植
生长、收获期	18～25℃	半日照	见干见湿	适量追肥	

档案

小白菜为一年或二年生草本植物。叶片为淡绿或墨绿色，植物矮小且叶片呈倒卵形或椭圆形。叶帮肥厚，呈白色或绿色。口感柔软，带有少许甜味。小白菜既可以炒，也可以煮，还可以搭配肉类加工成美食。

播种

小白菜的播种期在3～4月或9～10月。因为间苗拔除的菜叶也能食用，所以小白菜可以用撒播的方式播种。小白菜的发芽率高，所以种子撒播不要太密集，均匀播撒即可。如果用的是营养土，播种后也不需要额外施肥。

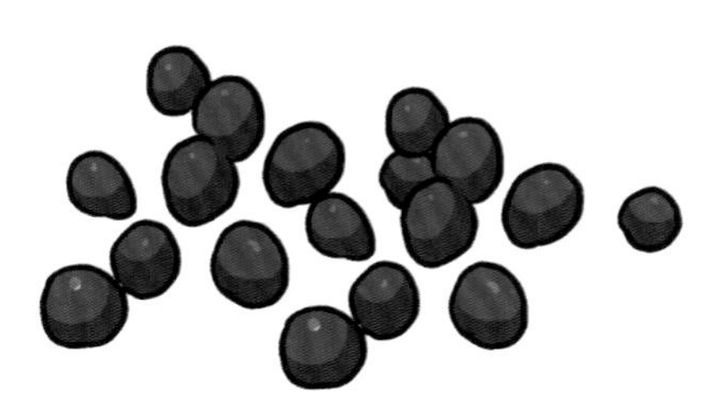

步骤1

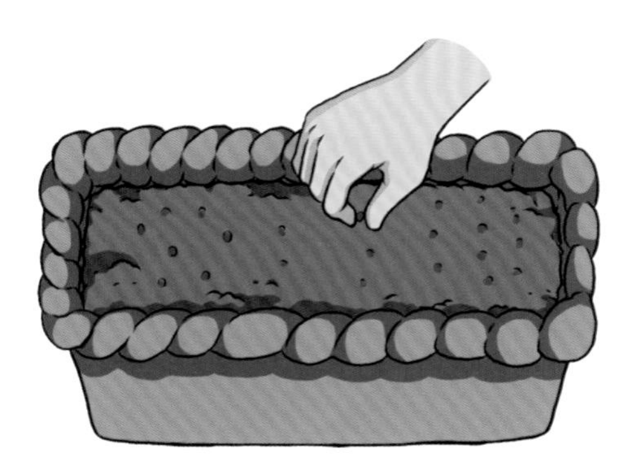

步骤2

步骤3

步骤

1. 选择健康、饱满的种子。
2. 在花槽内以2~3厘米的间距在土层上撒入种子。
3. 覆盖一层薄土并浇水，在阴凉处放2~3天。

POINT 蔬菜小知识

小白菜的营养价值和食疗价值：

小白菜富含多种维生素和膳食纤维，有清热除烦、消肿、通利胃肠等功效，对预防疾病、强身健体有一定帮助。

播种3～4天后，种子开始发芽。

步骤1

步骤2

步骤3

步骤

1. 将花盆移至日照优良的位置。如果出现土壤干燥的现象，要及时浇水，保持土壤湿润。
2. 幼苗真叶长出1~2片时，用手将叶片生长不规则的幼苗间去。间苗时注意用手压住留下的苗，防止被一起带出。
3. 叶片越长越多，可以进行多次间拔。在间拔后需要培土，以防止留下的小白菜苗倒塌。可每隔2周进行一次追肥并浇水，注意是稀释后的液肥。

POINT 蔬菜小知识

小白菜烹煮时间过长易损失其中所含的维生素。

收获

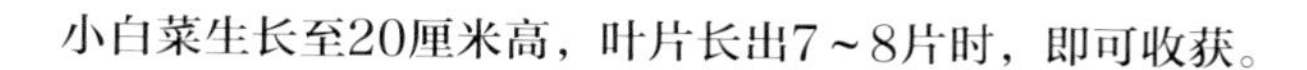

小白菜生长至20厘米高，叶片长出7～8片时，即可收获。

连根拔起

步骤

用手握住茎叶直接连根拔出即可。

POINT 蔬菜小知识

保存小白菜忌水洗，水洗易造成营养成分损失，影响口感，茎叶易腐烂。

茼蒿

学名 / 茼蒿

别名 / 同蒿、蓬蒿、菊花菜

科属 / 菊科

适种地区 / 中国主要栽种于华东、华南地区

种植要点

	温度	日照	浇水	施肥	土壤
播种、植苗期	15～20℃	遮阴养护	浇透水	施基肥	疏松、肥沃、保水保肥性好的土壤为宜
生长、收获期	17～20℃	阴凉处	保持湿润	追肥以氮肥为主	

档案

茼蒿为一年生或二年生草本植物。茎叶呈翠绿色，叶子互生，中下部茎叶呈长椭圆形或长椭圆状倒卵形，羽状分裂。茼蒿气味清新，略有苦味，有菊的甘香。即可凉拌生食，也可炒食。

茼蒿的播种期在3月末至5月或9月初至10月上旬。

播种

步骤1

步骤2

步骤3

步骤

1. 在花盆的土壤表面用木棍挖出深、宽都约为1厘米的沟槽。
2. 在沟槽内每隔1厘米放入一粒种子。
3. 盖上一层薄土，轻压并浇水。

POINT 蔬菜小知识

茼蒿适宜在弱光下生长，在日照较长的季节里会很快进入结子阶段。因此建议在日照时间较短的季节种植。

生长

播种2周后，叶子长出1～2片，进行第一次间苗。间苗后适量培土，防止留下的幼苗倒伏。

播种3周后，叶子长出3～4片，进行第二次间苗和第一次追肥作业。然后适量培土，防止幼苗倒伏。

播种5周后，进行第三次间苗和第二次追肥作业。此时叶子长出6～7片，可收获一部分。最后在株间追肥10克并培土。

步骤1

步骤2

步骤3

步骤

1. 叶子长出1~2片时，进行第一次间苗，将苗间距扩大到3~4厘米。
2. 间苗结束后，适量培土。
3. 叶子长出3~4片时，进行第二次间苗，将苗间距扩大到5~6厘米。

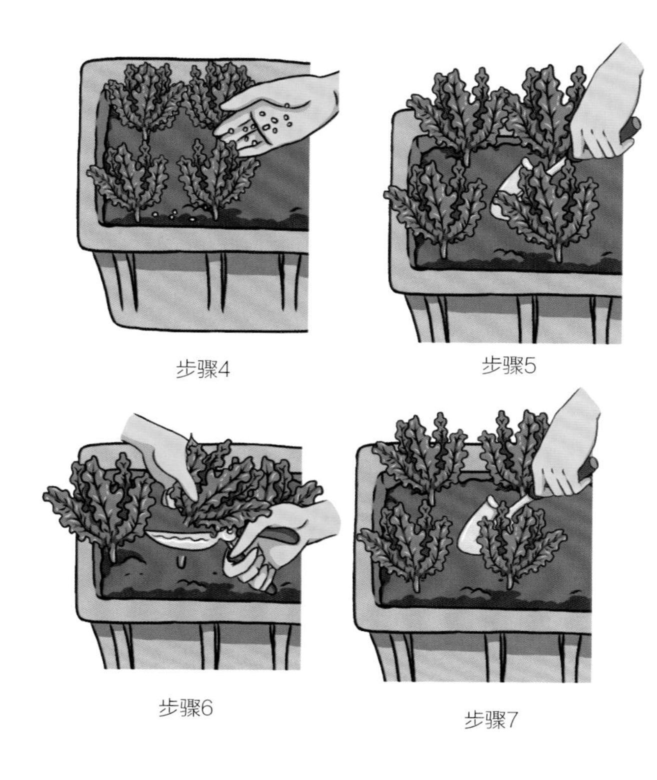
步骤4

步骤5

步骤6

步骤7

步骤

4. 间苗后在苗根部追肥10克。
5. 适当培土，防止幼苗倒伏。
6. 叶子长出6~7片时，可收获一部分。用剪刀从植株底部直接剪断即可，将株间距扩大为10~15厘米。
7. 在株间追肥10克，并培土。

收获

播种6～7周后，茼蒿长到20～25厘米时，又能收获。

连根拔起

步骤

直接用手握住茼蒿茎叶整株拔起即可。

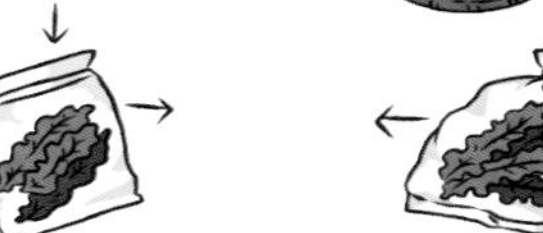

POINT 蔬菜小知识

如何保存茼蒿？

可以将洗净的茼蒿沥干水分或焯水冷却后装入塑料袋中，放入冰箱冷藏。

学名 / 栽培菊苣

别名 / 苦苣、苦菜

科属 / 菊科

适种地区 / 中国南北方普遍栽种

苦菊

种植要点

	温度	日照	浇水	施肥	土壤
播种、植苗期	15~17℃	稍遮阴	保持湿润	施基肥	喜潮湿、肥沃而疏松的土壤
生长、收获期	18~22℃	长日照	充分浇水	及时追肥	

档案

苦菊为一年或二年生草本植物。茎叶颜色翠绿，羽状全裂至不裂，边缘通常有锯齿。叶片薄，口感甘中带苦，可以凉拌、炒食或煮汤。

苦菊的播种期在3月末至5月或9月至10月。

播种

步骤1

步骤2

步骤3

步骤

1. 在花盆的土层表面用木棍或手指挖深约1厘米、宽1~2厘米的沟槽，注意沟槽间距为15厘米左右。
2. 在沟槽内每隔1厘米放入一粒种子，种子不要重叠。
3. 轻轻盖上一层土并浇水，注意在种子发芽前保持土壤湿润。

POINT 蔬菜小知识

圆叶生菜和苦菊的区别：

虽然二者相似，易混淆，只要看叶片即可分辨。圆叶生菜叶子较圆，苦菊叶子呈锯齿状。

播种1周后，花盆中长出小苗。
播种3周后，真叶长出3片，进行第一次追肥。

步骤1

步骤2

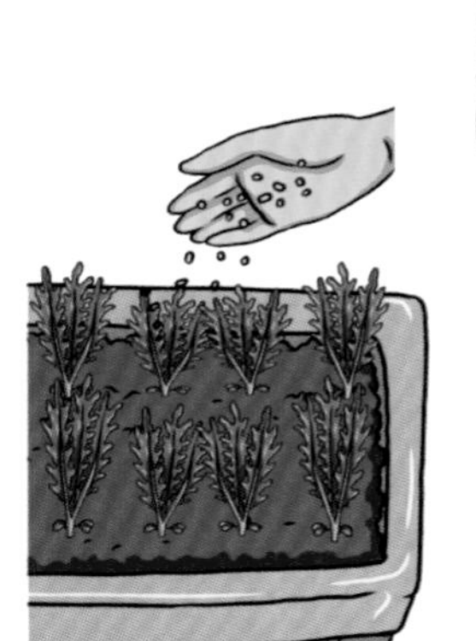

步骤3

步骤4

步骤

1. 小苗长出后，用手将长势较弱的幼苗间去，使株间距扩大为3厘米左右。
2. 给幼苗根部适量培土，防止幼苗倒伏。
3. 真叶长出3片时，在沟槽间追肥10克。
4. 将混合肥料的土培向根部。

POINT 蔬菜小知识

苦菊吃法：

间出来的苦菊幼苗可做成蔬菜沙拉食用。将苦菊洗净，加入盐、橄榄油等拌匀即可。或将醋、生抽、盐、白糖、香油搅拌均匀成料汁，浇在苦菊上，拌匀即可。

播种5周后，就可以收获，并进行第二次追肥作业。苦菊的采收宜在早晨或傍晚进行，采收后记得将落地的老叶、病叶及时清理干净。

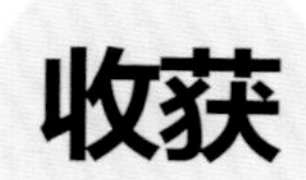

收获

步骤1

步骤2

步骤3

步骤

1. 苦菊长至20~25厘米即可收获一部分，使株间距扩大为30厘米。
2. 给留下的苦菊追肥。在沟槽间追肥10克，并与土充分混合。
3. 将混合肥料的土培向苦菊根部。

POINT 蔬菜小知识

苦菊的储存方式：

苦菊不耐放，易发干。新鲜摘取的苦菊可以用纸包好，然后装入塑料袋中，放入冰箱冷藏。

学名 / 菜豆

别名 / 架豆、芸豆、刀豆、芸扁豆

科属 / 豆科

适种地区 / 中国南北方普遍栽种

四季豆

种植要点

	温度	日照	浇水	施肥	土壤
播种、植苗期	20~30℃	稍遮阴	浇透水	施基肥	深厚、松软、腐殖质多、排水良好的沙壤土、壤土和一般黏土均可
生长、收获期	20~25℃	半日照	见干见湿	1周追肥1次	

档案

四季豆为一年生缠绕或近直立草本植物。根系较发达，叶片互生，阔卵形或菱状卵形，总状花序腋生，种子呈球形或矩圆形。

播种

四季豆适合春秋季种植，栽培温度为20～25℃，发芽温度为20～30℃。四季豆既不耐湿，也不耐寒，始终保持土壤湿润最好，土壤干燥时就浇水，直到盆底有水渗出。

步骤1

步骤

1. 在花槽底部排水孔上盖好防虫网，放入约2厘米厚的钵底石。
2. 将有机培养土填至距花槽上端约2厘米处，用洒水壶浇透土壤。
3. 在花槽的土壤中挖出深3厘米左右的播种坑，每个坑中放入3~4颗种子，种子应该侧卧放置。坑间距应为20厘米左右。
4. 用土壤把播种坑填满，将表面抚平，放置于阴凉处3~5天。

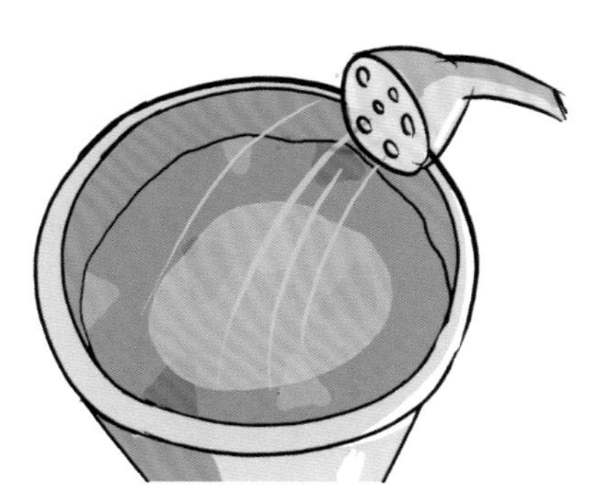

步骤2

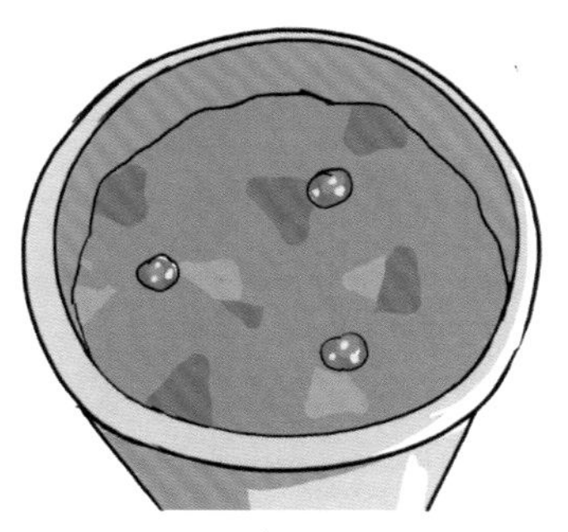

步骤3

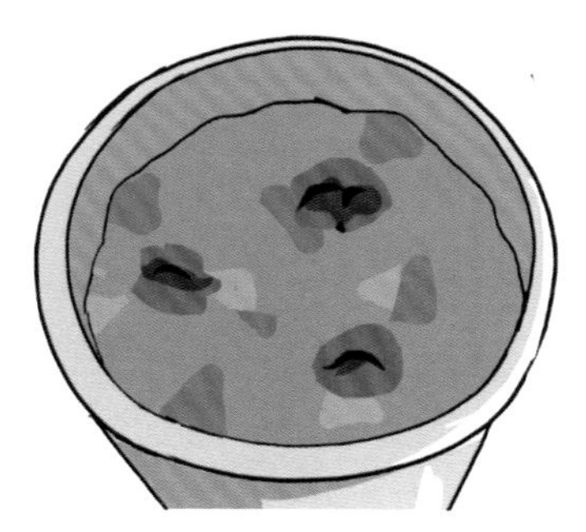

步骤4

播种后的1～2周，嫩芽破土而出。当叶子长到2～3片时，从嫩苗中选取长势较好的留下来。为了防止小苗倒伏，促进小苗快速成长，要为小苗进行培土、浇水。
需要预先在花盆边沿位置搭支架。

步骤

1. 用剪刀剪掉长势不好的苗，留下两株长势好的。
2. 不能用手把苗连根拔起，以免影响其他两株苗的生长。
3. 要定期给幼苗培土、浇水，防止小苗倒伏。
4. 在花盆中等距离立3根支架，并用绳子把3根支架的上部固定在一起。

步骤1

步骤2

步骤3

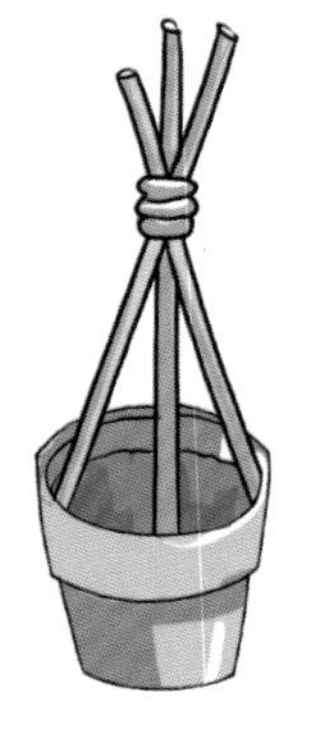

步骤4

POINT 蔬菜小知识

四季豆需要追肥吗?

当四季豆苗长到20厘米时，就要追肥，此后每周1次，追肥时使用液肥。

收获

四季豆开出白色的小花几天后，白色小花变成黄色慢慢凋零，豆荚慢慢长出。

开花后的10～12天，果实就能收获了。豆荚长到10厘米左右时，应及时采摘。如果采收太迟，豆荚会变老、变硬，口感差。

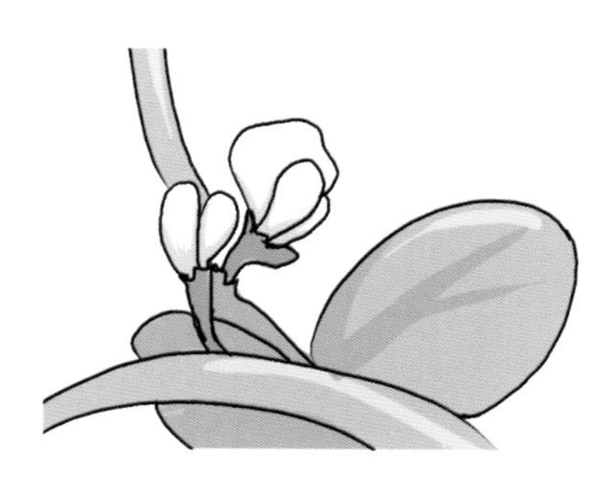

步骤1

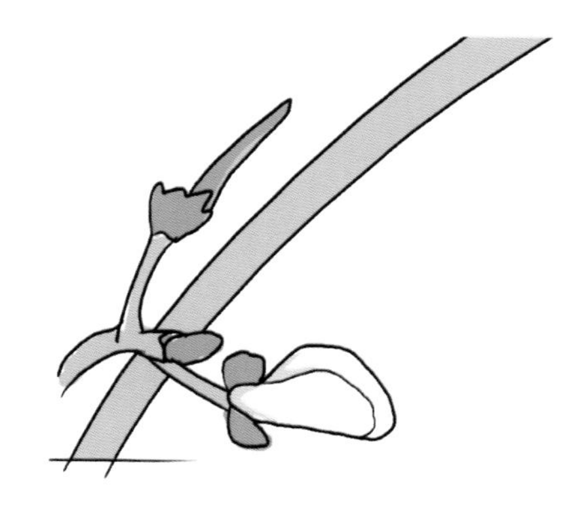

步骤2

步骤

1. 植株上开出白色的花朵。
2. 花朵凋零后，豆荚慢慢长出。
3. 豆荚长到10厘米左右时采摘最好。

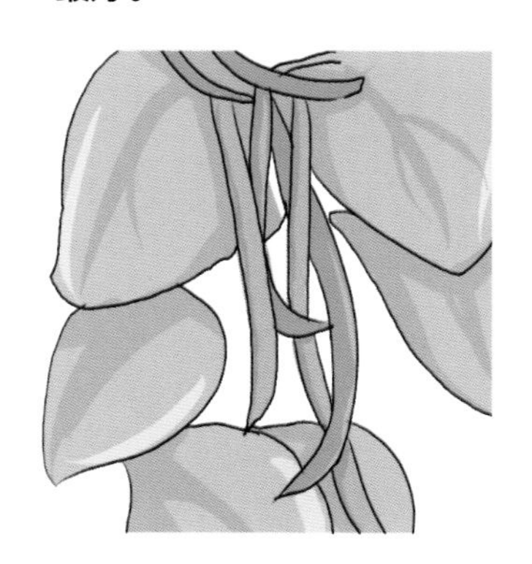

步骤3

POINT 蔬菜小知识

四季豆的炭疽病对植株的茎、叶和豆荚都会造成危害，在天气凉爽和多雨潮湿时发病最重。药物防治方面，可在发病初期喷洒百菌清、代森锰锌、达科宁、世高等，交替使用，1周1次，连续喷洒2~3次。

学名 / 蚕豆

别名 / 胡豆、南豆、佛豆

科属 / 豆科

适种地区 / 中国南北方普遍栽种，以长江以南为主

蚕豆

种植要点

	温度	日照	浇水	施肥	土壤
播种、植苗期	16℃	稍遮阴	适量浇水	施基肥	以肥沃、排水良好的黏土或沙土为宜
生长、收获期	18～27℃	长日照	见干见湿	及时追肥	

档案

蚕豆是一年生草本植物。尚未成熟的蚕豆豆荚为绿色，外形很像蚕的形状，而供人食用的豆子呈长圆形，近长方形，中间内凹。既可以炒菜、凉拌，也可以制作成各种风味小食品，是一种深受大众喜爱的食物。

播种

蚕豆播种期在10月份。种子需选用质量好的、表面柔软嫩滑的小种子，新鲜的、陈年的蚕豆种子都不能用来播种。播种前需将种子冲洗干净，去除被蛀虫咬坏的、残缺不全的种子。然后催芽，即将种子浸泡在水中24小时，然后把水倒出，在盆上铺一层湿毛巾，催芽一般需3天时间，3天内每天都需将蚕豆清洗一遍。

步骤1

步骤

1. 在花盆中装入土壤，将蚕豆黑线处倾斜向下放入小盆中，露出一小部分。
2. 每个小盆中放入2粒蚕豆种子。

步骤2

POINT 蔬菜小知识

蚕豆简易做法：

将蚕豆剥开洗净。烧一锅开水，加入适量盐，将蚕豆放入锅中，煮熟后捞出即可食用。简单易学，并且保留了蚕豆的原汁原味。

3周后，叶子生长至2～3片时，间苗、植苗。

植苗

步骤1

步骤2

步骤

1. 叶子长至2~3片时，拔去长势较弱的一株。
2. 在大花盆中挖坑，一个盆中种植2株以上时，注意保持30厘米的株间距。将小花盆中的植株取出，放入大花盆的坑中，并给根部盖上土壤，适量浇水。

POINT 蔬菜小知识

怎么识别蚕豆的老嫩？

将蚕豆剥壳后，如果豆子顶端的月牙形部分是浅绿色，说明蚕豆很嫩，可以带壳吃；如果已经变黑，就说明老了，维生素C的含量会略有下降。

蚕豆苗生长到13周后，立支架。生长到23～24周时，进行剪枝、追肥、培土。26～27周后，可再次进行剪枝，促进果实的成长。

步骤1

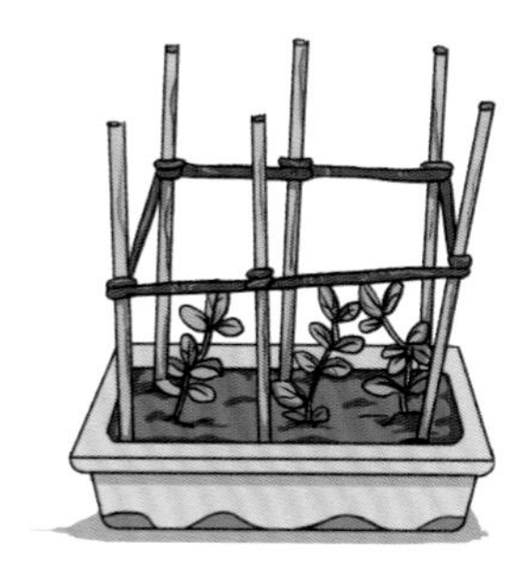

步骤2

步骤3

步骤4

步骤5

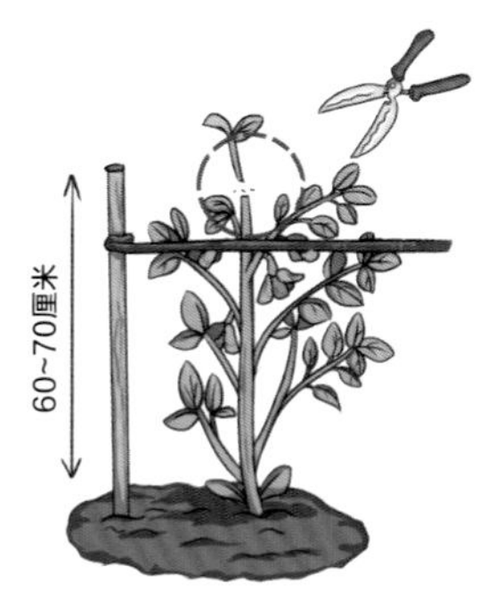

步骤6

步骤

1. 选几根1米长的支架插在花盆边缘。
2. 用绳子将全部支架连在一起。
3. 用麻绳以8字形缠绕法将茎引向较近的支架。
4. 植株长到40~50厘米高时，留下3~4根较粗的茎，其余的都剪去。
5. 追肥并培土，追肥20克即可。
6. 植株长至60~70厘米高时，将开花的茎尖剪去。

28～30周后，将背部变成褐色的豆荚用剪刀从豆荚根部剪取。初夏的时候，朝向天空的豆荚下垂，等到豆粒饱满时就成熟了。

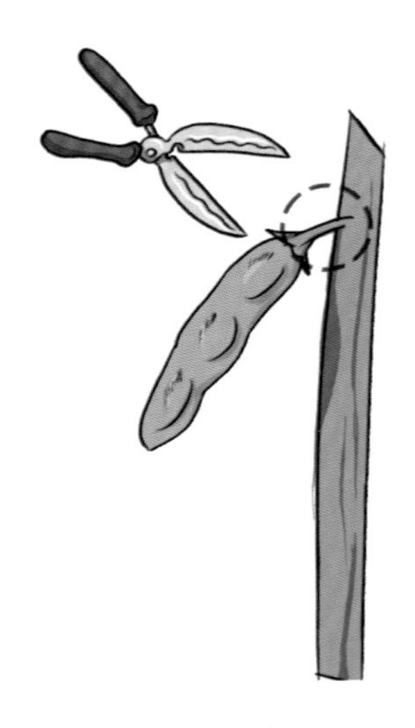

步骤1

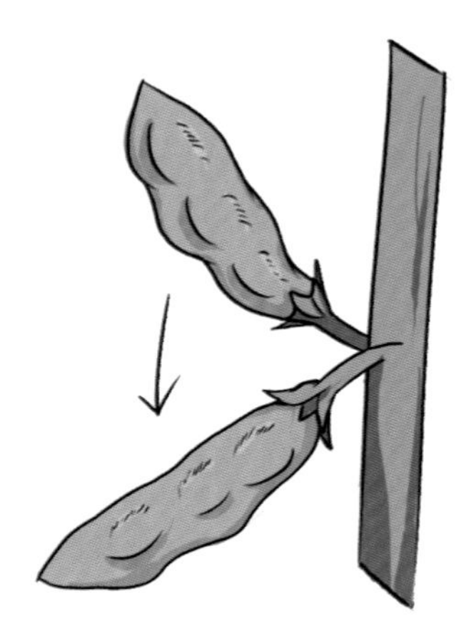

步骤2

步骤

1. 用剪刀将背部变成褐色的豆荚从豆荚根部处剪下。
2. 初夏时，豆荚往下垂，等到豆粒饱满时即可收获。

POINT 蔬菜小知识

如何保存蚕豆?

将蚕豆洗净后焯水捞出，加入少许盐入味，放在盆中晾干后，装入塑料袋中放冰箱里冷藏即可。

· CHAPTER ·

冰封严寒
阳台依然蔬香满满

雪里蕻

学名 / 雪里蕻

别名 / 雪菜、春不老 、雪里红

科属 / 十字花科

适种地区 / 中国南北方普遍栽种

种植要点

	温度	日照	浇水	施肥	土壤
播种、植苗期	18～20℃	阴凉处	浇透水	以磷肥作基肥	以疏松、肥沃、排灌条件良好的土壤为宜
生长、收获期	15～20℃	半日照	见干见湿	10天追肥1次	

档案

雪里蕻为一年生草本植物，是芥菜的变种。叶片为淡绿色，且边缘为裂开褶皱形。有特殊的带毛刺的口感和清淡的味道。可搭配荤菜炒食，也可腌制食用。

播种

雪里蕻的播种期在4～11月。在种植之前，先要准备好土壤。雪里蕻喜疏松透气、肥沃的土壤，最好选择向阳背风的位置，对土壤进行翻土整理。播种后需往土壤中加入腐熟的有机肥，补充养分，为种植提供良好的基础条件。

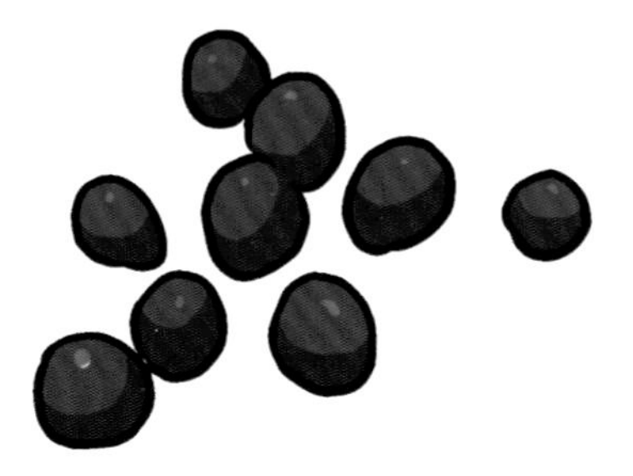

步骤1

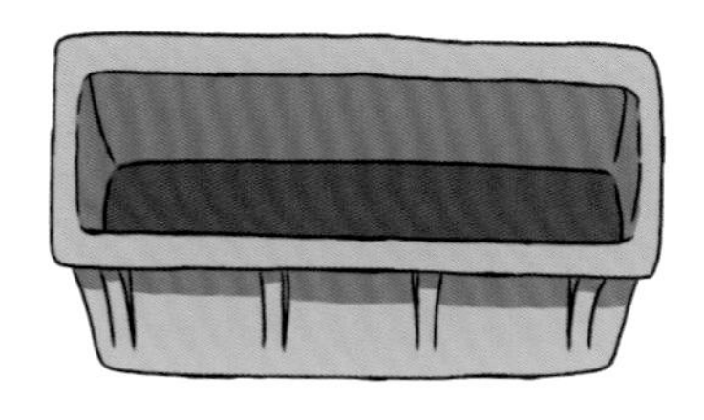

步骤2

步骤3

步骤4

步骤

1. 选择健康、完整的优良品种的种子。
2. 选择深度约20厘米的花盆或花槽。
3. 在花盆土层里挖几道沟槽，均匀播种。
4. 盖上土并轻压，适量浇水，然后在阴凉处放2~3天。

播种3～4天后开始发芽。种子发芽后将花盆移至半阴凉的地方。真叶长出1～2片后，注意查看土壤湿润度，经常补充水分，并每隔10天追肥一次。

步骤1

步骤

1. 幼苗真叶长出1~2片后，对生长过密的幼苗进行间拔作业。
2. 在霜降或寒风来袭的天气注意做好防护措施，可在花盆上立支架，罩上透明塑料袋。

步骤2

POINT 蔬菜小知识

雪里蕻的功效：

雪里蕻的营养价值较高，具有醒脑提神、明目解毒等作用，还有助于减肥、抗癌。一般人群皆可食用。

收获

雪里蕻植株长至约20厘米高，叶片长出7～8片时，即可开始收获。

步骤

直接用手握住茎叶将植株连根拔起即可。

POINT 蔬菜小知识

将雪里蕻略微炒过，盛起备用。再将锅烧热，放油、姜、毛豆仁、雪里蕻翻炒，加调味料及少许的水，盖上锅盖，用小火煮2分钟即可起锅食用。

学名 / 豌豆

别名 / 麦豌豆、雪豆、麦豆

科属 / 豆科

适种地区 / 中国主要栽种于华中、华东地区

豌豆

种植要点

	温度	日照	浇水	施肥	土壤
播种、植苗期	14~22℃	阴凉处	充分浇水	少量复合肥	以保水力强、通气性好并富含腐殖质的壤土为宜
生长、收获期	12~20℃	长日照	见干见湿	2周追肥1次	

档案

豌豆是一年生攀援草本植物。果实多为青绿色，也有黄、白、红等颜色。形状有圆形、圆柱形、椭圆形等。豌豆的种子、嫩荚、嫩苗均可食用。

播种

南方以秋播为主，9月底至11月播种，第二年4~5月收获。北方以春播为主，3~4月播种，7~8月收获。可在花盆中以点播的方式在每个坑中放入2~3粒种子，然后覆土补水。在播种后1周到10天左右开始发芽。

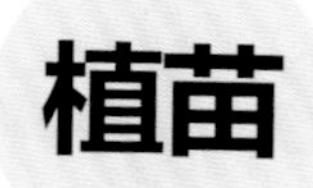

植苗

豌豆长出真叶后开始移栽。幼苗的生长适温在14~22℃，只要温度不低于5℃均可发芽。移栽后3~5天不浇水，一周后适当浇水，只要叶片不蔫就不需要浇水。移栽定植后需少施复合肥。

步骤1

步骤2

步骤

1. 选择枝叶较大、色泽好的苗进行移植。
2. 在花盆内植入3~4株苗，充分浇水，在阴凉处放置2~3天。

生长

进入春季后，豌豆幼苗开始生长。需增加日照、通风，同时注意防寒。藤蔓开始生长时，就需要立支架。开花后，每隔2周追肥一次。

步骤1

步骤

1. 将花盆移至日照充足、通风的地方，并在根部覆盖稻草防寒。
2. 在花盆中立支架、绑绳子，引导藤蔓攀爬。

步骤2

晚春时节，在开花后20天左右，豌豆荚长大，即可收获。在豌豆过于膨胀前及时采摘。

从根部剪下

步骤

用剪刀从豆荚根部处剪下即可。

POINT 蔬菜小知识

豌豆的保存方法：

将豌豆入沸水中焯一下，然后捞出并放入筛子里沥干水分。最后装入保鲜袋中，封口，放冰箱里冷藏即可。

学名 / 洋葱

别名 / 球葱、圆葱、葱头

科属 / 石蒜科

适种地区 / 中国南北方普遍栽种

洋葱

种植要点

	温度	日照	浇水	施肥	土壤
播种、植苗期	12℃	阴凉处	充分浇水	施基肥	以疏松、肥沃、通气性好的中性沙质土壤为宜
生长、收获期	12~20℃	长日照	见干见湿	及时追肥	

档案

洋葱为二年生草本植物。外表呈紫红色、褐红色、淡红色、黄色或淡黄色，近球状或扁球状。肉质为鳞片状，汁多、有辛辣味，可制作成沙拉食用，也可以搭配肉类炒食。

植苗

洋葱的植苗期在10~11月。洋葱可以用条播播种，但其种子发芽率较低，所以，可以在11月左右到市场上购买幼苗栽种，这样能省去育苗的麻烦。

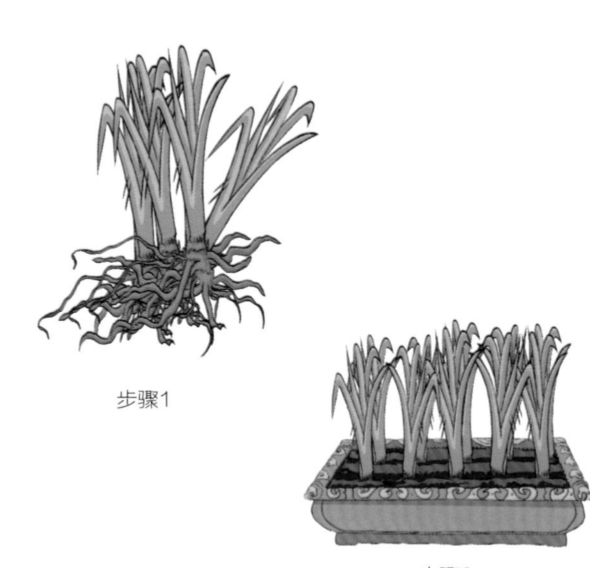

步骤1

步骤2

步骤3

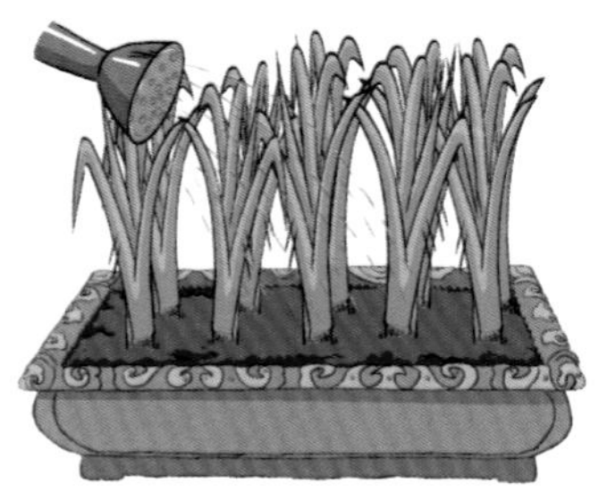

步骤4

步骤

1. 选择生长高度为20厘米、健康粗壮的种苗。
2. 在花槽内挖两道2~3厘米深的沟槽，以8~10厘米株间距植苗。
3. 在苗根部堆土，防止种苗倒伏。
4. 充分浇水，在阴凉处放置2~3天。

生长

植苗4周后，洋葱开始抽薹。注意日常养护，避免病虫害入侵。

步骤1

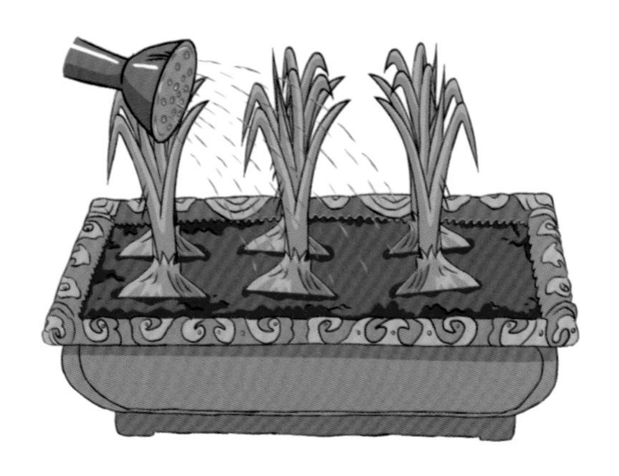

步骤2

步骤

1. 当洋葱叶子长到15厘米左右时开始追肥，在洋葱苗间撒少量肥，与土充分混合。
2. 适量浇水，保持土壤湿润。

洋葱的收获期在第二年的4～5月。植株叶子枯黄倒伏，根部变大时即可收获。

步骤

在晴天时将洋葱连根拔起，然后吊起晒干即可。

POINT 蔬菜小知识

洋葱辅助睡眠：

洋葱富含二烯丙基二硫，有抗菌、解毒的功效。

如何保存洋葱?

将洋葱去叶后用报纸包好，放在通风处即可。

苤蓝

学名 / 擘蓝

别名 / 球茎甘蓝、芥蓝头、玉头

科属 / 十字花科

适种地区 / 中国南北方普遍栽种

种植要点

	温度	日照	浇水	施肥	土壤
播种、植苗期	18～20℃	散射光	保持湿润	施基肥	腐殖质丰富的黏土或沙土中种植
生长、收获期	15～20℃	长日照	稍湿润	追肥以氮肥为主	

档案

苤蓝为二年生草本植物。球茎表皮的颜色为绿、绿白或紫色，内部为白色，外形呈长圆球体或扁球体。肉质脆嫩，味微甜。全国大多数省区均可栽培。

播种

苤蓝一般在2月上旬播种育苗，4月定植。春季栽种的苤蓝播种时间不能过早，以防止引起未熟抽薹。一般在2月中旬育苗播种，在日光温室环境下育苗最佳。苤蓝也可以秋播，秋播时间不宜过迟，过迟会影响产量，可以选择直播或育苗后移栽。

步骤1　　步骤2　　步骤3

步骤4

步骤

1. 花盆装土，用撒播的方式均匀地撒入种子。
2. 盖上一层薄薄的土。
3. 用喷雾器喷上水，保持土壤湿润。
4. 报纸盖在花盆上，喷湿报纸后移至日照好的地方。

种子发芽后即可用镊子拔除细而长的芽，此步骤即为间苗。初次间苗一周后，真叶长出，此时还需要再次间苗。当真叶长出3～4片，就要开始移植了。将幼苗轻轻挖出，移植到另一个花盆中，并进行培土、浇水。

步骤1

步骤2

步骤3

步骤

1. 种子发芽后，将苗盆移至日照优良处，进行间苗。
2. 一周后，移至日照优良处，对生长过密的部分进行间苗。
3. 真叶长出3~4片时，开始移植。

随着苤蓝根茎膨大，根会冒出土壤表层，且直径达约2厘米。为了使植株不倒塌，需要进行培土作业。

步骤1

步骤2

步骤

1. 对冒出土壤层、直径2厘米左右的根部进行培土。
2. 在植株间追少量肥，与土充分混合。

收获

苤蓝根部直径长至3～4厘米时，将根部枯萎的叶子摘下，开始进入收获期。直径长至7厘米左右时，可全部拔出。

步骤

用手握住苤蓝茎叶将根部拔出即可。

连根拔起

POINT 蔬菜小知识

苤蓝土豆丝做法：

苤蓝1个，去皮切丝。土豆2个，去皮切丝，入开水焯到八九成熟。辣椒去子切丝。三样食材放一起，加点苹果醋、辣椒面、盐、白糖，拌均匀。

大多数人都可食用苤蓝。建议有胃溃疡、糖尿病的人以及容易骨折的老人适当多食用。

学名 / 番茄

别名 / 洋柿子、六月柿

科属 / 茄科

适种地区 / 中国南北方普遍栽种

西红柿

种植要点

	温度	日照	浇水	施肥	土壤
播种、植苗期	25~28℃	稍遮阴	适量浇水	施基肥	以土层深厚、排水良好、富含有机质的肥沃壤土为宜
生长、收获期	20~25℃	短日照	见干见湿	适当追肥	

档案

西红柿是一年生或多年生草本植物。果实颜色主要有红色、黄色等，呈扁球状或近球状。味道酸甜可口，肉质肥厚，汁多味美，是盛夏的蔬菜和水果。可以生吃，也可熟吃，西红柿炒鸡蛋是一道大众喜爱的菜肴。

播种

西红柿适合在2~5月播种。首先往花盆中装入适量土壤，以点播的方式放入4~5粒种子。然后覆盖上约5毫米厚的土壤，最后浇适量的水。

植苗适合在播种1个月后进行。植苗的时候注意不要弄坏土球，最后充分浇水。

步骤1　步骤2　步骤3

步骤

1. 选择长出7~8片真叶、茎部挺直、整体健康的幼苗定植。
2. 将土填入花盆中，中间挖坑。
3. 用手指轻轻夹住菜苗底部，倒置苗盆，取出菜苗放入坑中。选取一根70厘米长的支架，插入土中，注意不要伤到菜苗根部，用麻绳将支架与茎轻轻捆绑在一起。

如果任其生长，植株会长出很多侧芽，不仅会分散养分、影响结果，还会使通风环境变差，产生虫害。所以在植株生长的过程中摘除侧芽非常重要。

步骤1

步骤

1. 植苗1周后，选一个晴天去侧芽（用手将叶子根部的小芽掰掉，只留下主枝即可）。

步骤2

步骤3

2. 3周后，给植株搭架子，选择3根2米长的支架，插入花盆中距植株不远处，在上部进行捆绑。
3. 在果实生长至手指大小时，进行追肥，10克左右即可。之后可每隔2周追肥一次。

西红柿苗生长至8周后，果实成熟变红，就可收获了。10周后，主枝长到和支架一样高时，用剪刀剪去顶端，阻止继续长高。

步骤

1. 西红柿红了之后，可用剪刀从西红柿蒂部上端的茎处剪断。
2. 植株长到和支架一样高时，将主枝顶端剪去，阻止继续长高。

步骤1

步骤2

POINT 蔬菜小知识

新鲜摘取的西红柿以在2~4℃冷藏为佳，一般10天之内可保持新鲜和营养。如果温度太低，西红柿会失去鲜味，并且会因冻伤而腐烂。

学名 / 绿花菜

别名 / 绿菜花

科属 / 十字花科

适种地区 / 中国南北方普遍栽种

西蓝花

种植要点

	温度	日照	浇水	施肥	土壤
播种、植苗期	25℃	散射光	浇透水	施基肥	深厚、疏松、肥沃、保水保肥力强的土壤为宜
生长、收获期	20～25℃	长日照	稍湿润	及时追肥	

档案

西蓝花为一年或二年生草本植物。顶端花蕾密集呈花球状，花蕾呈青绿色，茎叶呈蓝绿色，叶柄则细长，花蕾和茎部皆可食用。既可凉拌，也可炒食或煮汤。

播种

西蓝花的播种期在2～3月或7月。可采用营养杯播种育苗，西蓝花的耐寒性和耐热性较好，种子的发芽适温为25℃，播种前要将营养土浇湿，播种后盖上薄土。如果是7月播种则需要遮阳和防雨。

步骤1

步骤2

步骤3

步骤

1. 选择健康、饱满的种子。
2. 在花盆中以点播的方式放入4~5粒种子。
3. 盖上土，并浇水。放置阴凉处。

POINT 蔬菜小知识

西蓝花的食用知识：

西蓝花的花蕾和茎部皆可食用，茎部较普通花菜更柔软，口感似莴笋。

西蓝花的植苗期在3～4月或8月。

植苗

步骤1

步骤2

步骤3

步骤

1. 选择长势健康、端正、无虫害的幼苗。
2. 在移栽盆中装土并挖一个大坑。
3. 从育苗盆中轻轻取出幼苗，定植在移栽盆中，并浇水。

POINT 蔬菜小知识

西蓝花易招害虫入侵，为了防止虫害，最好的方法就是给花盆罩上防虫网。

生长

植苗2周后，进行第一次追肥。

步骤1

步骤

1. 在花盆内撒入10克肥料，并与土混合。
2. 将混合肥料的土培向西蓝花根部，防止倒伏。

步骤2

POINT 蔬菜小知识

收获时建议用剪子或小刀斜着切下食用部分，这样不易破坏茎部。

植苗6周后，顶部花蕾直径长至2厘米左右时可收获，并进行第二次追肥作业。植苗8周后，开始收获侧边花蕾。

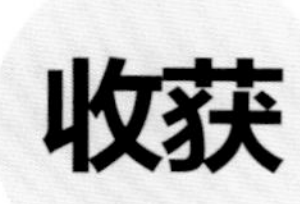

步骤1

步骤2

步骤3

步骤

1. 顶部花蕾直径长至2厘米左右时用剪刀剪断。
2. 在花盆内追肥10克，与土混合。
3. 侧花蕾直径长至1.5厘米，茎长至20厘米时即可收获。

POINT 蔬菜小知识

如何保存西蓝花?

可以将新鲜的西蓝花装入塑料袋中，并放入冰箱冷藏即可。也可焯水后放入冰箱冷冻。

图书在版编目（CIP）数据

新手阳台种菜 / 艺美生活编著. —北京 ：中国轻工业出版社，2021.3
ISBN 978-7-5184-3240-0

Ⅰ. ①新… Ⅱ. ①艺… Ⅲ. ①阳台—蔬菜园艺 Ⅳ. ①S63

中国版本图书馆CIP数据核字（2020）第203018号

责任编辑：王　玲
策划编辑：段亚珍　　责任终审：张乃柬　　封面设计：锋尚设计
版式设计：艺美生活　　责任校对：朱燕春　　责任监印：张京华

出版发行：中国轻工业出版社（北京东长安街6号，邮编：100740）
印　　刷：北京博海升彩色印刷有限公司
经　　销：各地新华书店
版　　次：2021年3月第1版第1次印刷
开　　本：720×1000　1/16　印张：12
字　　数：100千字
书　　号：978-7-5184-3240-0　定价：49.80元
邮购电话：010-65241695
发行电话：010-85119835　传真：85113293
网　　址：http://www.chlip.com.cn
Email：club@chlip.com.cn
如发现图书残缺请与我社邮购联系调换
200442S5X101ZBW